Huelga
de hormigas

Huelga de hormigas

Una selección de artículos publicados en el *blog* El neutrino,
corregidos y actualizados

GERMÁN FERNÁNDEZ SÁNCHEZ

Los libros del neutrino

Diseño de portada: Germán Fernández Sánchez

Imagen de portada: John Storr

Todas las ilustraciones en el dominio público salvo que se indique lo
contrario.

ISBN-13: 978-1543048049
ISBN-10: 1543048048

elneutrino.blogspot.com

—No te molestes en hacerle preguntas. Lo sabe
todo pero nunca cuenta nada [...]
—¿Y de qué sirve saber cosas si no se las
cuentas a nadie? [...]

P. L. Travers. *Mary Poppins.*

El neutrino y el autor: Vidas paralelas

El neutrino es la partícula elemental más tímida. No fue detectado hasta 1956, aunque desde 1930 se sospechaba su existencia. No tiene carga eléctrica; solo se relaciona con el resto del Universo mediante la interacción nuclear débil y la gravitatoria, las más flojas de todas las fuerzas fundamentales de la naturaleza; de ahí que pueda parecer una partícula despistada: puede atravesar la Tierra de lado a lado sin enterarse. De hecho, billones de neutrinos atraviesan el cuerpo humano cada segundo sin provocar el más mínimo efecto. Pero también se podría decir que lo que hace es profundizar...

Es una partícula modesta; hasta hace muy poco se creía que por no tener, ni siquiera tenía masa. Ahora parece que sí tiene masa, aunque muy pequeña; la obesidad no está entre sus preocupaciones. Aunque esa masa no se ha podido medir aún, se sabe que existe porque se ha comprobado experimentalmente que el neutrino puede oscilar, es decir, que puede transformarse de un tipo en otro (porque hay tres tipos de neutrinos, asociados a las tres familias de partículas elementales que existen en la naturaleza); la física nos dice que esta oscilación solo es posible teniendo masa. Rectificar es de sabios... No es una partícula aburrida: cambia, se transforma, tan pronto se relaciona con el ligero electrón como se asocia con el pesado muón o vuela al encuentro del inestable tauón. Un neutrino es capaz de relacionarse con todas las generaciones de partículas que existen en la naturaleza.

Sin embargo, a pesar de su modestia, la existencia del neutrino es imprescindible para explicar el mundo. Ni la radiactividad, ni el *big bang*, ni el Modelo Estándar de la física de partículas tal como los conocemos serían posibles sin él.

El neutrino y el autor se cruzaron hace no tantos años en el CERN, cuando el segundo realizó su tesis doctoral sobre la producción de pares radiativos de los primeros en el acelerador LEP a la energía de centro de masas del Z. No voy a decir que esta tesis demostrara que solo existen tres tipos de neutrinos, y por tanto tres familias de partículas elementales en la naturaleza (electrón, muón y tauón), pero sí lo confirmó. ¿Vidas paralelas que se cruzan? Sí, es posible en una geometría no euclidiana; esférica, por ejemplo.

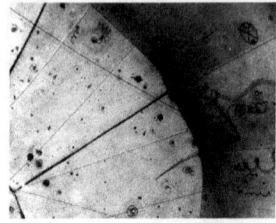

Primera detección de un neutrino en una cámara de burbujas (13 de noviembre de 1970, Laboratorio Nacional Argonne, EE.UU.)

ASTRONOMÍA Y ASTRONÁUTICA

2009, Año Internacional de la Astronomía

Coincidiendo con el cuarto centenario de las primeras observaciones astronómicas realizadas con telescopio por Galileo Galilei y la publicación por Johannes Kepler de *Astronomia nova*, donde enunció sus dos primeras leyes del movimiento planetario, la Asamblea General de las Naciones Unidas, a propuesta de la Unión Astronómica Internacional y con el apoyo de la UNESCO, declaró 2009 Año Internacional de la Astronomía.

En los últimos cuatrocientos años, la astronomía ha cambiado drásticamente nuestra idea del Universo y de nuestra situación en él, desde la concepción aristotélica, dominante en tiempos de Galileo, que diferenciaba el mundo sublunar, o sea, la Tierra y su atmósfera, en el centro del Universo, donde todo es imperfecto y cambiante, y el mundo supralunar, formado por los cuerpos celestes, donde solo existen formas geométricas perfectas y movimientos regulares inmutables, hasta la cosmología actual, con un Universo dinámico, gobernado por las mismas leyes físicas que rigen en nuestro planeta, cuya extensión (al menos noventa mil millones de años luz) y edad (catorce mil millones de años) se han podido medir, y en el que nuestro mundo solo es un planeta ordinario en un sistema estelar ordinario en una galaxia ordinaria.

Los objetivos principales de este Año Internacional de la Astronomía fueron seis: aumentar el conocimiento científico de la sociedad, promover el acceso al conocimiento universal de las ciencias fundamentales, fomentar el crecimiento de comunidades astronómicas en países en vías de desarrollo, apoyar y mejorar la educación en Ciencias, ofrecer una imagen moderna de la ciencia y los científicos, favorecer la aparición de nuevas redes que unan a astrónomos aficionados, educadores, científicos y profesionales de la comunicación y fortalecer las ya existentes, mejorar la paridad de género dentro del mundo científico y facilitar la preservación y protección de la herencia natural y cultural que supone un cielo oscuro.

Ese último objetivo supuso, por fin, un claro reconocimiento a la lucha contra una de las formas de contaminación más insidiosas de nuestro planeta: la contaminación lumínica, esto es, la innecesaria iluminación artificial del cielo nocturno producida por la mala calidad del alumbrado exterior, tanto público como privado. No se trata tan solo de la pérdida del cielo estrellado, declarado por la UNESCO Patrimonio de las Generaciones Futuras, y que resulta invisible desde hace años en grandes y pequeñas poblaciones; además, la incorrecta iluminación de nuestras ciudades y pueblos es una agresión al ecosistema, que afecta tanto al crecimiento de las plantas como al comportamiento de muchos animales nocturnos, como aves migratorias, murciélagos e insectos; es también un derroche de energía: según la Asociación contra la Contaminación Lumínica Cel Fosc, solamente en Cataluña se gastan más de treinta millones de euros anuales en iluminar las nubes; este derroche conlleva un exceso de emisiones de CO_2 y de consumo de mercurio, cadmio y otros metales pesados contaminantes.

Si nos alejamos unas decenas de kilómetros de una gran urbe, por ejemplo, Madrid, podemos observar sobre la ciudad un inmenso globo luminoso de unos veinte kilómetros de altura y cincuenta de anchura. Este globo, visible hasta a trescientos kilómetros de distancia, es la luz no necesaria, que se dispersa hacia el cielo. Cada día es preciso alejarse más de las ciudades para conseguir ver las estrellas. ¿Cuántos de nuestros hijos han visto alguna vez la Vía Láctea? Con este cielo, ni siquiera Galileo podría hacer hoy en día sus observaciones.

Órbitas síncronas y órbitas estacionarias

Se llama órbita síncrona a aquella en la que el período orbital (el tiempo que tarda el objeto en recorrer la órbita) es igual al periodo de rotación del cuerpo alrededor del cual se describe la órbita. En el caso de cuerpos que orbitan alrededor de la Tierra, se llaman órbitas geosíncronas; en este caso, el período orbital es de veinticuatro horas (en realidad es algo menor, pero no quiero meterme ahora en la diferencia entre el día solar y el día sidéreo[1]).

Una órbita síncrona circular situada sobre el ecuador se denomina estacionaria, porque, visto desde el suelo, el objeto permanece inmóvil en el cielo. De ahí el interés de este tipo de

---

[1] Véase *Hay más días que longanizas*, en la página siguiente.

órbita para los satélites de comunicaciones: Se puede mantener el enlace con el satélite con una antena fija. En la Tierra, la órbita estacionaria se sitúa a 35 768 kilómetros sobre el nivel del mar.

En la práctica, cualquier mínima perturbación puede sacar a un satélite de la órbita estacionaria, por lo que los satélites necesitan un sistema de propulsión para corregir su posición y mantenerse en la órbita correcta.

Fue el ingeniero de cohetes esloveno Herman Potočnik (1892-1929) quien, en 1928, publicó por primera vez la idea de utilizar satélites geoestacionarios para comunicaciones, idea que popularizó más tarde el escritor Arthur C. Clarke, por lo que la órbita geoestacionaria también recibe el nombre de órbita de Clarke. El primer satélite geoestacionario fue el Syncom-3, lanzado en 1964. Hoy en día hay centenares de estos satélites geoestacionarios, entre los que se encuentran los Hispasat españoles.

Hay más días que longanizas

Mientras que los ciudadanos de a pie solo tenemos el día civil, el período de tiempo de veinticuatro horas que va desde las doce de la noche de un día hasta las doce de la noche del día siguiente, los astrónomos distinguen habitualmente hasta cuatro días diferentes: el día solar medio, el día solar verdadero, el día estelar y el día sidéreo.

El día solar verdadero es el período de tiempo comprendido entre dos culminaciones sucesivas del Sol en un lugar determinado. La culminación es el momento en el que un astro se sitúa a mayor altura sobre el horizonte, lo que en el caso del Sol define el mediodía. Así, el día solar empieza y termina a mediodía, no a medianoche. El día solar medio, promedio de los días solares verdaderos a lo largo del tiempo, equivale en duración al día civil: 24 horas, o 1440 minutos, u 86 400 segundos. Mediante relojes atómicos muy precisos se han podido medir las variaciones del día solar verdadero respecto de ese valor medio; estas variaciones resultan ser del orden de unos pocos milisegundos. Para astros que no orbitan alrededor del Sol, el equivalente del día solar recibe el nombre de día sinódico.

El día sidéreo toma como punto de referencia no el Sol, sino el llamado punto vernal o punto de Aries, el punto de la esfera celeste que marca la posición del Sol en el momento del equinoccio de primavera. Debido al movimiento de traslación de la

Tierra alrededor del Sol, el día sidéreo es un poco más corto que el día solar: De un día para otro, la posición aparente del Sol sobre la esfera celeste cambia, y la Tierra tiene que girar algo más de 360° para «alcanzar» al Sol. La duración media del día sidéreo es aproximadamente de 23 horas, 56 minutos y 4 segundos. Como en un año el Sol ha dado una vuelta completa alrededor de la Tierra, hay un día sidéreo más (un giro completo de la Tierra para alcanzar al Sol): 365 días solares equivalen a 366 días sidéreos.

Debido a la precesión de los equinoccio (el desplazamiento del eje de rotación de la Tierra, como en una peonza, que describe un círculo completo cada 25 780 años), el punto vernal no está fijo, sino que se mueve en la esfera celeste a razón de unos cincuenta segundos de arco por año. Esto significa que el día sidéreo no es exactamente igual al periodo de rotación de la Tierra respecto a las «estrellas fijas», que es lo que a veces se llama día estelar.

Para complicar más las cosas, todos estos períodos varían irregularmente debido a diversos fenómenos geológicos, climáticos y astronómicos, como la deriva de los continentes, la distribución de los casquetes polares, las mareas... Por ejemplo, el efecto de las mareas está frenando la rotación de la Tierra a razón de 2,3 milisegundos por siglo.

Cerveza espacial y especial

A finales de 2008 nos sorprendió la noticia de la fabricación de la primera *cerveza espacial*, elaborada por una empresa japonesa a partir de cebada cultivada en la Estación Espacial Internacional (EEI). ¡Qué frivolidad!, pensará alguno: Gastar cien mil millones de euros para fabricar una cerveza que seguramente no tenga nada de especial. Pero la cerveza es lo de menos, un subproducto de la verdadera investigación que se realiza en la EEI y, más que nada, un alarde publicitario. Los experimentos que se llevan a cabo en la EEI, afortunadamente, son más serios, y sacan partido de las condiciones de ingravidez de la estación, difícilmente reproducibles en la Tierra.

La Estación Espacial Internacional es un proyecto común de la NASA, la Agencia Espacial Federal Rusa (Roscosmos), la Agencia Japonesa de Exploración Espacial (JAXA), la Agencia Espacial Canadiense y la Agencia Espacial Europea (ESA). Está situada en una órbita baja alrededor de la Tierra, a una altitud de entre 330 y 435 kilómetros. Se comenzó a construir en 1998, y todavía hoy se siguen añadiendo nuevos módulos. Desde 2000 está habitada permanentemente; representa uno de los mayores logros de la Humanidad, no solo en el aspecto técnico y científico, sino en el plano de la colaboración internacional pacífica. En la actualidad cuenta con tres módulos de investigación: el estadounidense Destiny, el europeo Columbus y el japonés Kibō; este año 2017 (como pronto) está prevista la llegada del laboratorio ruso, llamado Nauka.

Aún sin estar terminada, son ya varios los campos de investigación en los que la EEI es insustituible; entre ellos, el estudio de los efectos de la ingravidez sobre la fisiología animal y humana, con vistas a la realización de largos viajes espaciales, por ejemplo a Marte, así como los efectos de las radiaciones espaciales sobre los materiales y los tejidos vivos. También se está investigando el crecimiento de cristales perfectos, sin los defectos provocados por la gravedad, y el desarrollo de nuevas aleaciones, algunas imposibles de obtener en la Tierra debido a que la diferencia de densidad de los metales componentes dificulta enormemente su mezcla. Una de las principales líneas de investigación del módulo europeo Columbus es la dinámica de fluidos, con estudios sobre el comportamiento de microgotas líquidas (aplicable por ejemplo al aumento de eficiencia de la combustión en los motores o al desarrollo de mejores impresoras), sobre la estructura de espumas (aplicable a la fabricación de aislantes)...

Todos estos avances se añadirán a los ya conseguidos, aunque no seamos conscientes de ello, gracias a la carrera espacial, como el *joystick*, los termómetros digitales infrarrojos, las herramientas inalámbricas, los detectores de humo, los modernos trajes ignífugos, los bolígrafos que escriben en cualquier posición...

También, con la vista puesta en las posibilidades futuras de colonización de otros planetas, la EEI cuenta con invernaderos donde se estudia el crecimiento de las plantas, para la producción de nutrientes y oxígeno, en condiciones de baja gravedad y presión; de ahí es de donde ha salido la cebada con la que se ha fabricado la «cerveza espacial».

El 27 de agosto, Marte seguirá siendo un punto rojo en el cielo

Todos los años, cuando se acerca el verano, empieza a correr por Internet el bulo de que el veintisiete de agosto Marte tendrá, visto desde la Tierra, el mismo tamaño que la Luna. ¡Dios nos libre!

Variación del tamaño aparente de Marte en oposición entre 1995 y 2005
(NASA)

La historia viene circulando por la red desde 2003, a pesar de que, año tras año, la realidad la desmiente. ¿Cuál es el origen del bulo? Resulta que el 27 de agosto de 2003 la distancia entre Marte y la Tierra fue la mínima en los últimos sesenta mil años. Ese año comenzó a propagarse un correo en el que se explicaba que «con un modesto telescopio de 75 aumentos, Marte se verá tan grande como la Luna a simple vista». De alguna manera, la alusión al telescopio y la mención del año han desaparecido del texto, y así el bulo resurge año tras año, y cada año alcanza a nuevos incautos que lo reciben por primera vez, como si fuera nuevo.

En realidad, Marte y la Tierra se aproximan cada dos años y dos meses, cuando la Tierra pasa entre el Sol y Marte. Como las órbitas de los dos planetas no son exactamente circulares, la distancia de máxima aproximación varía de una vez para otra, entre cincuenta y seis y cien millones de kilómetros. Pero un sencillo cálculo nos dice que para que Marte se viera desde la Tierra del mismo tamaño que la Luna, tendría que acercarse a solo 750 000 kilómetros, algo menos del doble de la distancia de la Tierra a la Luna, y muchísimo menos que las cifras reales.

¿Qué ocurriría si Marte pasase tan cerca de la Tierra?

En primer lugar, como tanto Marte como la Tierra, hasta nuevo aviso, se mueven alrededor del Sol en órbitas elípticas, estos encuentros no tendrían nada de extraordinario, puesto que, si modificásemos la órbita de Marte para que se acercase tanto a la Tierra, los encuentros se producirían aproximadamente cada año y medio.

Se puede calcular el efecto que tendría la cercanía de Marte en las mareas. La elevación media del nivel del mar provocada por un astro es directamente proporcional a su masa e inversamente proporcional al cubo de su distancia. Con Marte, cuya masa es casi nueve veces la de la Luna, a tan corta distancia, la influencia combinada del Sol, la Luna y Marte casi duplicaría las mareas actuales. Aunque no parece demasiado, como mínimo habría que tener cuidado de dónde se pone la toalla o la sombrilla en la playa.

Pero, con todo, eso no es nada comparado con el efecto que tendría la atracción gravitatoria de Marte sobre la Luna. A esa distancia, Marte ejercería sobre nuestro satélite una fuerza que podría alcanzar hasta el 14 % de la que ejerce la Tierra, y alteraría la órbita de la Luna de una manera difícil de calcular, puesto que el resultado final dependería de las posiciones relativas de los tres astros durante el periodo de aproximación. Lo mismo podría sacar a la Luna de su órbita que desviarla y hacer que se estrellase contra la Tierra. También la atracción gravitatoria de la Tierra alteraría la órbita de Marte con una fuerza que llegaría hasta el 12 % de la que ejercería el Sol sobre el planeta rojo en ese momento. Los efectos a largo plazo son también difíciles de calcular, pero lo que es seguro es que con estos encuentros repitiéndose cada año y medio, las órbitas de ambos planetas se verían alteradas. La órbita de la Tierra, que es la que más nos interesa, podría acercarse o alejarse del Sol, con los consiguientes cambios en el clima; o aumentar su excentricidad, lo que provocaría estaciones mucho más marcadas a lo largo del año. También podría ocurrir que la Tierra y Marte quedasen ligados como un planeta doble; ¡menudas noches de Marte lleno íbamos a tener! Pero no hay que olvidar que también podría darse el caso de que ambos planetas chocasen...

Eso por no hablar de que algo debería de ir muy mal en el Sistema Solar para que Marte hubiera salido de esa manera de su órbita en primer lugar. Para modificar la órbita de Marte de manera que se aproximara tanto a la Tierra haría falta tanta energía como un billón de veces el total de los arsenales de bombas nucleares de todo el mundo.

Así que lo lamento por los románticos, pero ni vamos a tener dos lunas este verano, ni de ningún modo sería deseable que tal cosa pudiera ocurrir.

Un descubrimiento a lo grande

En octubre de 2009, gracias al telescopio espacial Spitzer de la NASA se descubrió un enorme anillo de partículas de hielo y polvo alrededor de Saturno, mucho más grande que los anillos ya conocidos. El borde interior de este nuevo anillo está situado a cuatro millones de kilómetros de Saturno. El exterior no está bien definido; el anillo tiene una anchura mínima de nueve millones de kilómetros. El anillo, a diferencia de los otros anillos de Saturno, es muy grueso, su anchura es de unas veinte veces el diámetro del planeta, y se extiende en el plano de la órbita de Saturno, que está inclinado 27° con respecto al plano ecuatorial del planeta, donde están situados los demás anillos. Este nuevo anillo es muy tenue, invisible desde la Tierra; lo que ha detectado el telescopio Spitzer es su emisión infrarroja. Si fuera visible, su tamaño en el cielo sería el doble que el de la Luna llena.

Febe, el satélite irregular más grande de Saturno, orbita a esas distancias; la inclinación de su órbita hace que el satélite barra este anillo en toda su anchura; probablemente, el anillo está formado por el material expulsado de Febe por las colisiones del satélite con pequeños cometas, meteoritos, etc., a lo largo de la historia.

El material del anillo, al igual que Febe, gira alrededor de Saturno en sentido contrario al de los demás satélites y anillos; debido a la absorción y reemisión de la radiación solar, este material va perdiendo energía y cae poco a poco hacia Saturno, lo que explica la enorme anchura del anillo.

Extensión del anillo de Febe en el sistema de Saturno (NASA)

El misterioso Jápeto

Jápeto, el tercer satélite de Saturno por tamaño, ha intrigado a los astrónomos desde que fue descubierto por Giovanni Cassini en 1671. Jápeto tiene un diámetro medio de unos mil quinientos kilómetros y gira alrededor de Saturno en algo menos de ochenta días. Todo en este satélite es raro, empezando por su órbita. Jápeto es, entre los satélites mayores de Saturno, el más alejado del planeta con diferencia: Su distancia a Saturno, unos tres millones y medio de kilómetros, es el triple que la de Titán, el satélite grande más próximo. Además, su órbita está inclinada más de quince grados respecto al Ecuador de Saturno, mientras que la inclinación de la órbita de los demás satélites mayores es casi nula.

Jápeto está formado en su mayor parte por hielo, con una pequeña proporción de materiales rocosos. Su superficie está marcada por enormes cráteres. El más grande, Abisme, tiene 768 kilómetros de diámetro; su superficie constituye casi la catorceava parte de la superficie total del satélite. Así, no es de extrañar que pese a su tamaño relativamente grande, la forma de Jápeto sea irregular, no esférica.

Ya en el siglo XVII, Cassini se dio cuenta de que un hemisferio de Jápeto es mucho más oscuro que el otro. Esta característica, confirmada después por las imágenes de las sondas Voyager 2 y Cassini/Huygens, fue aprovechada por Arthur C. Clarke en su novela *2001, una odisea espacial*, en la que Jápeto desempeña un papel fundamental que no voy a desvelar aquí. Desgraciadamente, la versión cinematográfica de la novela trasladó la acción de Saturno a Júpiter por razones técnicas: En la época no era posible recrear convincentemente los anillos de Saturno.

Jápeto (NASA/Matt McIrvin, 2004)

El hemisferio oscuro de Jápeto, llamado Cassini Regio, solo refleja alrededor del 4 % de la luz que recibe, y su color es pardo rojizo; el otro hemisferio, sin embargo, refleja más del 50 %. Dado que Jápeto es un satélite síncrono, como nuestra Luna, siempre muestra la misma cara a Saturno; por la misma razón, en su movimiento a lo largo de su órbita el hemisferio oscuro se sitúa siempre en el sentido de avance del satélite, y el claro en el opuesto. El hemisferio oscuro «barre» el espacio ocupado por la órbita del satélite, y acumula en su superficie material procedente del anillo de Febe[2]. Pero esta acumulación de material no explica por sí sola la diferencia de color entre los dos hemisferios. Existe además un fenómeno de segregación térmica: la zona oscura absorbe más calor que la zona clara, por lo que se produce en ella más evaporación de hielo de agua, que posteriormente se condensa en la zona clara, más fría. Así, la zona oscura se ha hecho más oscura con el paso del tiempo, y en la clara se ha acumulado más hielo brillante.

Por si todo esto no fuera ya suficiente rareza, el 31 de diciembre de 2004 la sonda Cassini/Huygens descubrió que la zona ecuatorial del hemisferio oscuro está recorrida por una cordillera rectilínea de unos veinte kilómetros de ancho y trece de alto, que se extiende como una rebaba a lo largo de mil trescientos kilómetros. Esta cordillera ha sido bautizada con el nombre de *montes de Toledo*. Es una cordillera antigua, llena de cráteres; algunos de sus picos alcanzan los veinte kilómetros de altura, lo que los sitúa entre las montañas más altas del Sistema Solar. Los montes de Toledo no se extienden a la zona clara, pero allí también se ha encontrado una serie de altas montañas aisladas, de hasta diez kilómetros de altura, a lo largo del Ecuador. Esta cordillera ecuatorial da a Jápeto el aspecto de una nuez. Aunque se han propuesto varias teorías para explicar su formación, ninguna es completamente satisfactoria. Jápeto se resiste a desvelar sus secretos.

Un planeta donde llueven piedras

En febrero de 2009, el telescopio espacial francés Corot descubrió el planeta Corot-7b, el planeta rocoso extrasolar más pequeño hasta la fecha. Corot-7b, con un diámetro de 1,7 veces el de la Tierra, y una masa cinco veces la de nuestro planeta, orbita alrededor de la estrella Corot-7, una enana naranja descubierta también por el mismo telescopio a unos quinientos años luz de la Tierra, en la constelación del Unicornio.

---

[2] Ver *Un descubrimiento a lo grande* en la página 16.

Corot-7b orbita a solo dos millones y medio de kilómetros de su estrella, veintitrés veces más cerca que Mercurio del Sol. Da una vuelta completa alrededor de Corot-7 en solo veinte horas.

En agosto de 2009 se descubrió un segundo planeta en el sistema, Corot-7c. Con los datos de ambos planetas se ha podido calcular la densidad de Corot-7b, que es la misma que la de la Tierra, así que seguramente se trata de un planeta rocoso.

Corot-7b está tan cerca de su estrella que, como nuestra Luna, le muestra siempre la misma cara. En una mitad del planeta siempre es de día. En esa mitad, la temperatura, unos 2300 °C, es suficiente para fundir la roca. Su superficie debe de estar hecha de lava fundida o de océanos hirvientes. En la cara nocturna, por el contrario, la temperatura es glacial, solo 50° por encima del cero absoluto.

Impresión artística de Corot-7b (ESO/L. Calçada, 2009, CC BY 4.0)

Un grupo de científicos de la Universidad Washington de San Luis (EE.UU.) ha desarrollado un modelo de atmósfera para Corot-7b, mediante cálculos de equilibrio termoquímico. Aunque la composición exacta del planeta no se conoce, los cálculos muestran esencialmente los mismos resultados para las cuatro posibilidades que se han estudiado.

Según el estudio, la atmósfera de Corot-7b está formada en su mayor parte por sodio, potasio, monóxido de silicio y oxígeno, con cantidades menores de magnesio, aluminio, calcio y hierro. Todas esas sustancias, vaporizadas de la superficie iluminada del planeta, se van enfriando al elevarse, o al ser arrastradas hacia la cara oscura por los fuertes vientos provocados por la enorme diferencia de temperatura entre la cara diurna y la cara nocturna del planeta.

El calor se reparte en la atmósfera por convección. Se forman células de convección en las que los gases calientes de la cara iluminada del planeta ascienden, se desplazan por las capas altas de la atmósfera hacia la cara oscura del planeta, y allí, si no hay algún tipo de efecto invernadero, pierden el calor por radiación hacia el espacio, se enfrían y descienden hasta la superficie. Así que a la superficie de la cara oculta llega muy poco calor. Siempre que, como ya se ha dicho, no exista efecto invernadero en aquella atmósfera

Así, de la misma manera que en la Tierra el vapor de agua se condensa en nubes, en Corot-7b, en función de la altitud y de la temperatura, se producen nubes y lluvias de distintos minerales, como enstatita (silicato de magnesio), corindón (óxido de aluminio), espinela (óxido de magnesio y aluminio), wollastonita (silicato de calcio)...

El sodio y el potasio, que tienen puntos de ebullición más bajos, permanecen en la atmósfera, de manera que el modelo predice la existencia de nubes altas de estos gases, detectables desde la Tierra. De hecho, ya se ha detectado sodio en la atmósfera de otros dos exoplanetas, aunque aún no en Corot-7b.

La escalera de las distancias cósmicas

Jacob partió de Berseba y se dirigió hacia Jarán. De pronto llegó a un lugar, y se detuvo en él para pasar la noche, porque ya se había puesto el sol. Tomó una de las piedras del lugar, se la puso como almohada y se acostó allí. Entonces tuvo un sueño: Vio una escalinata que estaba apoyada sobre la tierra, y cuyo extremo superior tocaba el cielo. Por ella subían y bajaban ángeles de Dios.

Génesis 28:10-12.

¿Cómo miden las distancias los astrónomos? Evidentemente, las enormes distancias que nos separan de las estrellas, galaxias y otros objetos astronómicos no se pueden medir directamente, nadie ha llegado hasta allí con una cinta métrica. Para hacerlo se emplea la llamada «escalera de las distancias cósmicas», una sucesión de métodos que, apoyándose unos en otros sucesivamente, permiten conocer con bastante aproximación la distancia que nos separa de objetos cada vez más lejanos.

La base de medida es la distancia media de la Tierra al Sol, también llamada unidad astronómica. Con la ayuda de las Leyes de Kepler, que rigen los movimientos de los planetas alrededor del Sol y relacionan sus periodos de revolución con sus distancias respectivas al Sol, basta con medir la distancia a un objeto cualquiera del Sistema Solar y conocer las características de su órbita para calcular el valor de la unidad astronómica. Hoy en día, estas medidas se hacen con radar, determinando el tiempo que tarda en volver una señal enviada a dicho objeto. Así, se ha medido la unidad astronómica (149,6 millones de kilómetros) con una precisión de unas pocas decenas de metros.

Una vez conocida la distancia de la Tierra al Sol, o lo que es lo mismo, el radio de su órbita, se puede aplicar el método de la paralaje anual para medir la distancia a las estrellas cercanas. La paralaje anual es la variación de la posición aparente en el cielo de una estrella al ser observada desde dos puntos extremos de la órbita terrestre. Una estrella cercana, observada desde la Tierra con seis meses de diferencia, parece haberse desplazado en el cielo con respecto a los objetos más lejanos, aunque en realidad la que se ha movido es la Tierra. Es lo mismo que ocurre cuando miramos un objeto cercano alternativamente con el ojo derecho y con el izquierdo, su posición respecto al fondo parece cambiar. Conocido el desplazamiento de la Tierra en su órbita (el diámetro de la órbita, o sea, el doble de la distancia de la Tierra al Sol), basta aplicar las leyes de la trigonometría para conocer la distancia a dicha estrella. Debido a la lejanía de las estrellas, los desplazamientos observados son siempre ángulos muy pequeños, y por tanto difíciles de medir: Para Próxima Centauri, la estrella más cercana al Sistema Solar, el desplazamiento es de solo 0,77 segundos de arco, equivalente a un objeto de dos centímetros de diámetro visto a una distancia de 5,3 kilómetros.

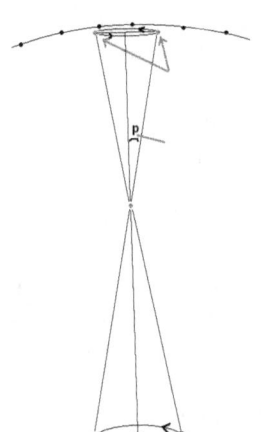

Método de la paralaje para la medida de la
distancia a una estrella (Tom Ruen)

Entre 1989 y 1993, el observatorio espacial Hipparcos de la
Agencia Espacial Europea midió la paralaje de dos millones
y medio de estrellas de nuestra galaxia, hasta una distancia
máxima de mil seiscientos años luz. El sucesor de Hipparcos,
Gaia, lanzado en 2013, tiene previsto medir con precisión la distancia de mil millones de estrellas y otros objetos astronómicos.
Entre estas estrellas cercanas cuya distancia se ha podido
medir con el método anterior, algunas pertenecen a un tipo especial de estrellas variables llamadas cefeidas. Así se descubrió que
estas estrellas tienen una particularidad muy útil para la medida
de distancias: Su magnitud absoluta (la intensidad de la luz de la
estrella) está relacionada con el periodo de variación de su brillo.
A su vez, la relación entre la magnitud absoluta y la magnitud
aparente, la observada desde la Tierra, es una indicación de la
distancia a la que se encuentra la estrella: Cuanto más lejos se
encuentre, más débil se verá. De esta manera, podemos conocer
la distancia a la que se encuentra cualquier estrella cefeida, sea
en la Vía Láctea o en otra galaxia. En las galaxias que no están
demasiado alejadas de nosotros es posible identificar estrellas
individuales; si una de ellas es una cefeida, la medida de su
periodo y de su magnitud aparente permite conocer la distancia
a la que se encuentra la estrella, y por tanto la galaxia.

Debido a la expansión del Universo, todas las galaxias se ale-
jan de nosotros. Este movimiento provoca en la luz que nos llega

de las galaxias lo que se conoce como corrimiento hacia el rojo, un desplazamiento de la frecuencia análogo al efecto Doppler, que altera la frecuencia de un sonido, como la sirena de una ambulancia, cuando se aleja del observador. Cuanto más lejos se encuentra una galaxia, más rápidamente se aleja, y mayor es el corrimiento hacia el rojo de su luz. La relación entre el corrimiento hacia el rojo y la distancia se ha determinado para las galaxias cercanas con el método anterior, el de las cefeidas. Una vez conocida esa relación, se puede aplicar a las galaxias más lejanas, en las que es imposible distinguir las estrellas individuales, y a otros objetos astronómicos más lejanos. Así sabemos que la galaxia más lejana descubierta hasta la fecha se encuentra a treinta y dos mil millones de años luz de la Tierra[3].

Existen además otros métodos más específicos para determinar la distancia a algunas galaxias de ciertos tipos concretos, que resultan ser compatibles con los anteriores y por tanto permiten confirmar y afinar las medidas realizadas.

¡Oh, sé una buena chica, bésame!

No, no te has equivocado de bitácora. El título de hoy, «¡Oh, sé una buena chica, bésame!» no es más que la traducción de la frase "Oh, Be A Fine Girl, Kiss Me!", regla mnemotécnica que se utiliza en inglés para recordar la clasificación de las estrellas por clases espectrales o, lo que es lo mismo, por su temperatura. Lamentablemente, la frase en español no tiene los mismos efectos (los mnemotécnicos, quiero decir). La regla correspondiente en español, más prosaica, es «Otros Buenos Astrónomos Fueron Galileo, Kepler, Messier».

Las iniciales de las palabras de las reglas forman la serie OBAFGKM, que enumera las diferentes clases espectrales en

---

[3] A primera vista, una distancia de treinta y dos mil millones de años luz puede parecer imposible en un Universo que solo tiene catorce mil millones de años de edad. Sin embargo, debido a la expansión del Universo, ese es el valor al que se ha expandido la distancia que ha recorrido la luz de esa galaxia, trece mil cuatrocientos millones de años luz, durante los trece mil cuatrocientos millones de años que ha tardado en llegar hasta nosotros.

orden decreciente de temperatura. Esta clasificación se conoce también con el nombre de clasificación espectral de Harvard, ya que fue esbozada por Edward Charles Pickering en 1890 y perfeccionada en 1901 por Annie Jump Cannon, ambos astrónomos de aquella universidad.

Las estrellas de clase O son estrellas gigantes muy calientes (más de 28 000 °C) y luminosas, de color azul; la mayor parte de su energía se emite en forma de rayos ultravioletas. Por ejemplo, la estrella Naos, de la constelación de la Popa, tiene una temperatura superficial de 42 000 °C y emite casi un millón de veces más energía que el Sol.

Las estrellas de clase B son también gigantes, de color blanco azulado, calientes (de 9600 a 28 000 °C) y muy luminosas. Las estrellas de clase B, como las de clase O, se consumen muy deprisa, así que su vida es muy corta, de unos pocos millones de años. Por ejemplo, Rigel, la estrella más brillante de Orión, tiene una temperatura de 11 000 °C y una luminosidad sesenta y seis mil veces mayor que la del Sol.

La clase A comprende gran parte de las estrellas visibles a simple vista. Son estrellas blancas, con una temperatura de entre 7100 y 9600 °C. Sirio, la estrella más brillante del firmamento, pertenece a la clase A.

La clase F incluye estrellas de color blanco amarillento, con una temperatura superficial de entre 5700 y 7100 °C, como la estrella Polar.

Nuestro Sol es una estrella de clase G. Son estrellas amarillas con una temperatura de entre 4600 y 5700 °C.

Las estrellas de la clase K son de color amarillo anaranjado, más frías que el Sol (de 3200 a 4600 °C). Algunas, como Antares, son gigantes, mientras que otras, como Alfa Centauri B, tienen un tamaño parecido al del Sol.

Las estrellas de clase M son las enanas rojas, que constituyen el 90 % de todas las estrellas del Universo. Su temperatura se encuentra entre 1700 y 3200 °C. La estrella Próxima Centauri pertenece a esta clase.

Más recientemente, se han añadido nuevas clases en ambos extremos de la clasificación, que ha quedado en la forma WOBAFGKMLT. Que yo sepa, las reglas mnemotécnicas no se han actualizado en consecuencia.

Las estrellas de clase W son las llamadas estrellas de Wolf-Rayet, estrellas azules muy luminosas con una temperatura de más de 70 000 °C.

La clase L comprende las enanas marrones calientes, estrellas con masa insuficiente para desarrollar reacciones nucleares. Son relativamente frías (de 1200 a 1700 °C) y emiten principalmente en el infrarrojo.

La clase T está formada por las enanas marrones frías, de muy baja masa. Su temperatura es inferior a 1200 °C.

Además de la serie de tipos espectrales en función de la temperatura existen algunas clases especiales de estrellas, como C, que comprende viejas estrellas gigantes rojas ricas en carbono (y se subdivide en las clases R, N y S), y D, la clase de las enanas blancas, como Sirio B.

El Gran Telescopio Canarias

El verano de 2010 se inauguró oficialmente el Gran Telescopio Canarias (GranTeCan), el mayor telescopio óptico del mundo, con un espejo principal formado por treinta y seis elementos hexagonales de 1,9 metros de diagonal, ocho centímetros de grosor y cuatrocientos cincuenta kilos de peso que, acoplados, forman una superficie equivalente a un espejo circular con un diámetro de 10,4 metros. El GranTeCan está situado en el Observatorio del Roque de los Muchachos, en la isla de La Palma, bajo una cúpula de cuarenta y cinco metros de altura, a 2396 metros sobre el nivel del mar. El Roque de los Muchachos es un lugar que reúne condiciones óptimas para la observación astronómica: se encuentra por encima de las nubes, en una atmósfera especialmente estable y transparente gracias a la acción de los vientos alisios; además, el cielo de los observatorios astronómicos canarios está protegido por ley desde 1988.

El telescopio es un proyecto español, promovido por el Instituto de Astrofísica de Canarias. En 1994, el Gobierno de España y la Comunidad Autónoma de Canarias, con el apoyo de los Fondos Europeos de Desarrollo Regional (FEDER) de la Comunidad Europea, crearon la empresa pública GRANTECAN S.A. para el diseño y la construcción del telescopio, que ha tenido un coste total de ciento treinta millones de euros. También han participado en el proyecto, con un 10 % del total de la inversión, el Instituto de Astronomía de la Universidad Nacional Autónoma de México, el Instituto Nacional de Astrofísica, Óptica y Electrónica, también de México, y la Universidad de Florida. Hay que destacar que el 70 % de la obra ha sido realizada por empresas españolas.

La construcción del GranTeCan comenzó en 2000. El 13 de julio de 2007, con solo doce de las treinta y seis piezas del espejo principal instaladas, el telescopio recibió su primera luz; las observaciones científicas comenzaron en mayo de 2009. Con este telescopio, que opera en el rango de la luz visible y del infrarrojo, se quiere profundizar en el conocimiento de muchos campos de la astronomía y la astrofísica, como la dinámica de las atmósferas de los planetas del Sistema Solar, la composición y estructura de las galaxias lejanas, el nacimiento de las estrellas, los agujeros negros, etc. También se utiliza para buscar planetas extrasolares del tamaño de la Tierra, enanas marrones, enanas blancas frías... La resolución del GranTeCan es tal que podría distinguir los dos faros de un coche situado a dos mil kilómetros de distancia.

El Gran Telescopio Canarias tras su inauguración (Luispihormiguero, 2008).

Técnicamente, es imposible construir un espejo como el del GranTeCan de una sola pieza. El mayor espejo de una pieza del mundo es el del telescopio ruso BTA-6, en el Cáucaso, de seis metros de diámetro. En los telescopios refractores, con lentes, las limitaciones son aún mayores; el mayor del mundo, con una lente de ciento dos centímetros de diámetro, está en el Observatorio Yerkes, en Estados Unidos. Un espejo segmentado, como el del GranTeCan, es más fácil de construir, y tiene además la ventaja de que el mantenimiento se puede hacer por partes, sustituyendo las piezas sucesivamente, de manera que nunca se pierde tiempo de observación; para esto, el GranTeCan dispone de seis piezas de repuesto.

Las treinta y seis piezas que componen el espejo principal del GranTeCan no son planas, sino que unidas forman un hiperboloide, una superficie cóncava que concentra la luz recogida y la dirige hacia los aparatos científicos que la analizarán. Los espejos está pulidos con una precisión extraordinaria: Su superficie no se desvía de un hiperboloide perfecto más de quince millonésimas de milímetro, un tamaño más de tres mil veces más fino que el grosor de un cabello humano. Para conservar esa precisión a lo largo del conjunto, es necesario mantener con gran exactitud la posición relativa de todas las piezas, que puede variar por efecto del viento, los cambios de temperatura, las tensiones mecánicas provocadas por el movimiento del telescopio, etc.; esto se consigue con la óptica activa, un sistema que mide la posición de cada segmento doscientas veces por segundo mediante sensores de gran precisión (hasta millonésimas de milímetro) y la modifica para mantener continuamente la alineación correcta. En el futuro se va a incorporar al telescopio un sistema de óptica adaptativa, que permitirá corregir incluso las alteraciones que sufre la luz a su paso por la atmósfera; será casi como si el telescopio estuviera en el espacio.

El Gran Telescopio Canarias acaba de iniciar su andadura; sin embargo, los astrónomos ya están pensando en el próximo telescopio gigante: En Europa se está planeando la construcción del E-ELT (Telescopio Europeo Extremadamente Grande), de nada menos que cuarenta y dos metros de diámetro.

Los satélites galileanos de Júpiter

Hace más de cuatrocientos años, en enero de 1610, Galileo descubrió los cuatro satélites mayores de Júpiter: Ío, Europa, Ganimedes y Calisto, a los que bautizó con el nombre de *estrellas mediceas* en honor de la poderosa familia Médici, con la intención de obtener el mecenazgo del duque Cosme II de Médici.

De arriba abajo, Ío, Europa, Ganimedes y Calisto; a la izquierda, Júpiter con su gran mancha roja (NASA-JPL-DLR).

La noche del 7 de enero de 1610, Galileo apuntó su telescopio hacia Júpiter, y observó tres estrellas que formaban una línea recta con el planeta. La noche siguiente, Galileo comprobó que el movimiento de esas estrellas era anómalo; noche tras noche continuó con sus observaciones, y el 11 de enero apareció una cuarta estrella (Ganimedes). Al cabo de una semana, determinó que se trataba de cuerpos planetarios que describían órbitas alrededor de Júpiter. Con este descubrimiento, Galileo acabó con el sistema geocéntrico de Ptolomeo, que postulaba que todos los cuerpos celestes orbitaban alrededor de la Tierra.

Galileo publicó el descubrimiento en marzo de 1610 en su obra *Sidereus Nuncius*, donde bautizó a los cuatro satélites con números romanos, del I al IV, desde el más cercano al más alejado de Júpiter. Los nombres actuales, los de tres doncellas y un joven seducidos por Júpiter, los debemos al astrónomo alemán Simon Marius, que en 1614 publicó, sin pruebas, que había sido el primero en observar los satélites, unos días antes que Galileo.

Los cuatro satélites galileanos describen órbitas prácticamente circulares en el plano del ecuador de Júpiter. Además, los tres más internos se encuentran en resonancia: En el tiempo que Ganimedes tarda en dar una vuelta alrededor de Júpiter, Europa da dos e Ío cuatro. Así, los satélites se aproximan unos a otros siempre en el mismo punto de sus trayectorias, y de este modo la atracción gravitatoria mutua estabiliza sus órbitas.

Desde el descubrimiento de Galileo, que solo pudo observar los satélites de Júpiter como puntos luminosos, hemos avanzado mucho en su conocimiento. Los satélites han sido visitados por sondas espaciales y observados desde la Tierra a través de potentes telescopios, y hoy sabemos que son muy diferentes entre sí.

Ío, algo más grande que la Luna, es el cuerpo con mayor actividad geológica de todo el Sistema Solar debido a las fuerzas de marea que sufre por su proximidad a Júpiter. Su corteza de silicatos, con montañas más altas que el Everest, está cubierta de compuestos sulfurosos procedentes de más de cuatrocientos volcanes que expulsan columnas de azufre y dióxido de azufre a más de quinientos kilómetros de altura.

Europa, ligeramente menor que la Luna, es el más pequeño de los cuatro. Su superficie, una capa agrietada de hielo sin apenas relieve, cubre probablemente un océano de agua salada.

Ganimedes es el satélite más grande del Sistema Solar; es incluso mayor que el planeta Mercurio. Su corteza helada, cubierta de cráteres, está dividida en placas, como la de la Tierra. Tiene una tenue atmósfera de oxígeno, igual que Europa, y genera su propio campo magnético. Quizá albergue también un océano subterráneo.

Calisto es casi tan grande como Mercurio; como la Luna, muestra siempre la misma cara a su planeta. Su superficie, repleta de cráteres, es muy antigua, y está formada por hielo y roca.

La exploración de esos océanos subterráneos, que podrían albergar vida, es un objetivo prioritario de varias agencias espaciales.

FÍSICA

El mayor aparato jamás construido

En noviembre de 2009 se puso en marcha el mayor aparato jamás construido por el ser humano: el acelerador de partículas LHC (en inglés *Large Hadron Collider*, o sea, *Gran Colisionador de Hadrones*), situado en la frontera franco-suiza.

A una escala más reducida, todos tenemos un acelerador de partículas en casa, o lo hemos tenido hasta hace bien poco: el tubo de rayos catódicos de los televisores clásicos. Con la diferencia fundamental de que en el televisor se aceleran electrones para desparramarlos (con un cierto orden) por la pantalla, mientras que en los aceleradores científicos el principal quebradero de cabeza es precisamente evitar que las partículas aceleradas se desparramen.

Un acelerador solo puede manejar partículas con carga eléctrica, como electrones, protones o átomos ionizados: su funcionamiento se basa en la denominada fuerza de Lorenz, que es la que ejerce un campo electromagnético sobre una carga o corriente eléctrica: un campo eléctrico acelera una carga longitudinalmente, mientras que un campo magnético curva su trayectoria.

Para acelerar partículas, lo primero que hay que hacer es generarlas. Los electrones se extraen de los átomos simplemente calentando un filamento; otras partículas como positrones, protones e iones requieren el uso de láseres o de haces de electrones previamente acelerados que, chocando contra un blanco determinado, logran extraerlas.

Una vez generadas, las partículas tienen la fastidiosa tendencia de volver a reaccionar con la materia que las rodea, así que es necesario alejarlas del lugar de generación y mantenerlas en el vacío. Para mover las partículas se emplean campos eléctricos, cuya fuerza de Lorenz es longitudinal, o sea, que las empujan y aceleran; y campos magnéticos, que ejercen fuerzas transversales y sirven para curvar su trayectoria y, al igual que las lentes de vidrio hacen con la luz, para enfocarlas. Todo esto, dentro de tubos al vacío donde se mantienen los haces de partículas hasta que alcanzan la energía deseada y se los hace chocar, bien entre sí o bien contra un blanco, para estudiar las reacciones que se producen. Como, según Einstein, E = mc², cuanta más energía lleven las partículas, esto es, cuanto más rápido vayan, mayor puede ser la masa de las partículas generadas en la reacción.

El objetivo del acelerador de partículas LHC es investigar las fuerzas básicas de la Naturaleza y en concreto estudiar las interacciones entre protones a unas energías nunca antes alcanzadas. Fue en el LHC donde en 2013 se descubrió el bosón de Higgs, que proporciona una explicación para la masa de las partículas dentro del actual Modelo Estándar. También a esas energías se ha postulado la detección de las llamadas partículas supersimétricas, uno de los candidatos para explicar la materia oscura del Universo; pero estas partículas, por ahora, se resisten a aparecer.

El coste del LHC es de dos mil millones de euros a lo largo de más de diez años. Es decir, no representa ni siquiera un euro por europeo al año. Eso sin contar con que el esfuerzo en I+D que hay que hacer para desarrollar el acelerador revierte en infinidad de campos: desarrollo de métodos de medición ultraprecisos, sistemas de imagen que pueden aplicarse a la medicina, ultrarrefrigeración, imanes superconductores, nuevos materiales, computación masiva, etc.

¿Qué es un acelerador de partículas?

Un acelerador de partículas es un aparato que, mediante el uso de campos electromagnéticos, es capaz de aumentar la velocidad de partículas eléctricamente cargadas. Sus principales usos son la obtención de imágenes, la irradiación de tumores en medicina y el estudio científico de materiales y de las fuerzas básicas de la Naturaleza. En física de partículas, la construcción de aceleradores cada vez más potentes está motivada por la necesidad de obtener mayores energías, que, de acuerdo con la equivalencia entre masa y energía enunciada por Einstein ($E = mc^2$), permiten la generación de nuevas partículas de mayor masa en las reacciones que se producen al hacer chocar entre sí las partículas aceleradas.

¿Por qué el cielo es azul?

Aunque algún poeta pueda pensar lo contrario, el cielo no está pintado. En la Luna o en el espacio, donde no hay aire, ningún obstáculo impide a la luz ir en línea recta. Allí, el cielo es negro y el Sol se ve blanco. En la Tierra, sin embargo, la luz del Sol debe atravesar la atmósfera, que es como unas gafas sucias entre nuestros ojos y el Sol. En la atmósfera, en esas gafas sucias, la luz del Sol interacciona con las moléculas de los gases que la forman (con la suciedad). Esta interacción, conocida como dispersión de Rayleigh, consiste en la absorción de la luz del Sol por parte de los átomos del aire y su posterior reemisión en todas direcciones.

La dispersión de Rayleigh depende de la longitud de onda de la luz: Afecta mucho más a las longitudes de onda cortas (violeta y azul), y menos a las largas (amarillo y rojo). Al atravesar la atmósfera, estos últimos colores llegan hasta la superficie prácticamente inalterados; por eso el Sol se ve amarillo. Por el contrario, los rayos violetas y azules son dispersados, de manera que, zigzagueando de molécula en molécula, cuando llegan a la superficie proceden aparentemente de todos los puntos del firmamento. Sin embargo, el cielo no se ve violeta, que es el color con menor longitud de onda, y por tanto el más dispersado. Esto es debido a la combinación de tres factores: en primer lugar, cuanto más dispersado es un color, mayor proporción de él se pierde hacia el espacio, puesto que la dispersión se produce en todas direcciones; además, la intensidad de los diferentes colores en la luz solar no es uniforme, es máxima en el color azul y disminuye rápidamente hacia el violeta; por último, y más importante, nuestros ojos son más sensibles al azul que al violeta.

Pero no siempre el cielo es azul. Al amanecer y al atardecer, los rayos solares, tangentes a la superficie de la Tierra, atraviesan un espesor mayor de atmósfera, de manera que la dispersión afecta en mayor grado a todos los colores, incluidos los amarillos y rojos, de ahí los coloridos rosas, rojizos o anaranjados de los cielos crepusculares y el rojo intenso del propio Sol.

De noche, sin embargo, pese a la luz de la Luna y de las estrellas, el cielo es negro. La poca intensidad de la luz, incluso con luna llena, hace que la dispersión de Rayleigh sea totalmente imperceptible.

Cuando en el aire están presentes partículas en suspensión más grandes que sus propias moléculas, como las gotas de agua de una nube, la dispersión que se produce, llamada dispersión de Mie, no depende de la longitud de onda; las partículas actúan como minúsculos espejos que reflejan parte de la luz y absorben

35

la otra parte. Las gotas de las nubes reflejan por igual todos los colores; por eso las nubes son blancas. Cuando las nubes son muy gruesas o densas, gran parte de la luz que las atraviesa es absorbida, lo que causa su coloración gris o negra. En Marte son también las partículas en suspensión las que dan su color rojo al cielo, pero, en este caso, son partículas coloreadas que reflejan en mayor medida la luz de ese color. ¿Cómo será el cielo en otros planetas? ¿Habrá planetas con el cielo verde?

Angelina Jolie y las hélices

Todos estamos familiarizados con las hélices. En los barcos siguen siendo el mecanismo de propulsión más habitual. En los aviones, sobre todo en los grandes, han sido sustituidas por turborreactores, pero aún existen muchos aeroplanos, sobre todo los de pequeño tamaño, propulsados por hélices.

Estamos tan familiarizados que quizá nunca nos hemos preguntado el porqué de una gran diferencia entre las hélices de los aviones y las hélices de los barcos: su posición. En todos los barcos, las hélices están situadas en la parte posterior, en la popa, mientras que casi todos los aviones tienen hélices delanteras, situadas delante de la cabina del piloto, o delante de las alas.

Yo me hice esa pregunta hace unos días cuando, haciendo *zapping* delante del televisor, me encontré con una escena de la película *Sky Captain y el mundo del mañana* en la que Angelina Jolie capitanea un escuadrón de aviones anfibios. No hidroaviones, de los que se posan sobre el agua, sino aviones realmente anfibios, capaces de sumergirse. No puedo opinar sobre la película porque no la he visto entera; al día siguiente, otra vez zapeando, volví a caer sobre la misma escena; mala suerte... o no.

El caso es que en dicha escena, si uno logra apartar la atención de Angelina Jolie, se puede ver que los aviones, momentos antes de sumergirse, detienen las hélices, situadas como es habitual delante de las alas, y las desplazan hacia atrás. Dejando de lado la viabilidad técnica y la utilidad de tal mecanismo, la escena me hizo preguntarme por qué los aviones llevan las hélices delante, mientras que los barcos las llevan detrás. La respuesta no es sencilla, hay que tener en cuenta varios factores para decidir cuál es el mejor lugar para situar las hélices.

Conviene tener presente que, aunque la mayor parte de los aviones llevan las hélices delante, existen algunos modelos con las hélices detrás, y otros que llevan hélices tanto detrás como delante; sin embargo, todos los barcos llevan las hélices detrás. Esto es debido a que, en principio, la posición trasera de las hélices es preferible, y esto por varias razones:

Primero, porque con las hélices detrás la propulsión es más eficiente: El flujo de aire o agua alrededor del fuselaje o el casco es laminar, lo que significa que no tiene turbulencias cuando llega a la hélice. Esta ventaja es mayor para los barcos, que se mueven lentamente en un medio denso, que para los aviones, que se desplazan a gran velocidad en un medio enrarecido.

En segundo lugar, la estabilidad es mayor con la hélice trasera, ya que el flujo de salida no se ve perturbado por el casco o el fuselaje.

Además, el vehículo es más maniobrable si la hélice está situada cerca del timón de cola.

Y, por último, en un avión monomotor, la visibilidad es mejor con el motor en la cola, y los incendios, fugas de carburante, etc. no se propagan hacia el piloto.

Sin embargo, en el caso de un avión, la posición trasera de la hélice presenta varios inconvenientes, sobre todo de seguridad, que hacen aconsejable el uso de hélices delanteras, pese a la pérdida de eficiencia:

1. Si el piloto debe saltar en paracaídas, corre el peligro de chocar contra la hélice trasera.

2. Si la pista no está perfectamente limpia, los objetos levantados por las ruedas en el despegue y el aterrizaje pueden golpear una hélice situada por detrás del tren de aterrizaje.

3. En condiciones de frío extremo, una hélice trasera puede resultar dañada por fragmentos de hielo desprendidos del fuselaje.

4. La refrigeración por aire de un motor trasero es menos eficiente: Las entradas de ventilación solo pueden ser laterales, no pueden ser frontales. En un barco esto no es un problema, ya que la refrigeración por agua es mucho más eficiente.

5. Un motor trasero, sobre todo si es un turbopropulsor, es más ruidoso, porque los gases de escape pasan a través de la hélice.

6. Si los motores traseros se sitúan en las alas, los alerones son menos eficaces: hay menos espacio para situarlos y el flujo de aire que reciben es más lento, no ha sido acelerado por las hélices.

7. El último inconveniente es más bien una ventaja del motor delantero: En un aterrizaje de emergencia, si el avión acaba chocando de frente, el motor delantero amortigua el golpe para el piloto.

Ninguno de estos inconvenientes afecta a los barcos; por eso, a diferencia de los aviones, todos llevan las hélices detrás, donde, como hemos visto, son más eficientes.

Hidroavión Dornier Seastar con hélices delanteras y traseras (Rschider)

Por qué vuelan los aviones

Han pasado más de cien años desde el primer vuelo de pasajeros. Aquel primer vuelo comercial, el 22 de junio de 1910 en Alemania, se realizó en dirigible, pero no pasó mucho tiempo hasta el primer vuelo de pasajeros en avión, el 1 de enero de 1914 en Florida. Un siglo ya, y, sin embargo, muchos aún se ponen nerviosos cuando tienen que volar, como pioneros en una aventura de resultado incierto. El miedo a volar sigue siendo habitual, cosa que no ocurre, por ejemplo, con los trenes de alta velocidad, mucho más recientes.

Es cierto que puede parecer extraño que un avión de varios cientos de toneladas de peso pueda mantenerse en el aire. Y tampoco es muy tranquilizador el hecho de que según a quién se pregunte, o en qué libro se mire, la explicación de por qué vuelan los aviones puede ser diferente. La verdad es que es un asunto tan complejo, que las respuestas sencillas suelen ser, como mínimo, incompletas. Hay que recurrir, por lo menos, a tres fenómenos independientes para comenzar a aproximarse a una explicación completa de por qué vuelan los aviones

La respuesta tradicional invoca el principio de Bernoulli, que afirma que la presión total en una corriente de un fluido se mantiene constante. Un avión, al desplazarse, divide el aire en dos corrientes, una que pasa sobre las alas y otra que pasa bajo ellas. Debido al perfil asimétrico de las alas, más abombadas por arriba que por abajo, la corriente superior debe recorrer una distancia mayor que la inferior, lo que provoca un aumento de su velocidad; este aumento de velocidad conlleva un aumento de la presión dinámica que ejerce la corriente de aire, por lo que, de acuerdo con el principio de Bernoulli, en esa parte superior del ala debe disminuir en la misma medida la presión estática o, lo que es lo mismo, la presión atmosférica. Es esa disminución de la presión atmosférica sobre las alas la que succiona literalmente el avión hacia arriba y lo mantiene en el aire. Es lo mismo que ocurre cuando soplamos entre las páginas de un libro entreabierto: la reducción de la presión estática hace que las páginas se levanten.

Esta explicación, que es la que figura en la mayor parte de los libros de texto y de divulgación, no es completa. Es correcta, pero no explica por qué vuela un avión de papel, cuyas alas son planas, ni cómo puede un avión acrobático rizar el rizo y volar invertido.

En un avión de papel, la sustentación depende del ángulo de ataque de las alas, esto es, del ángulo que forman las alas con la horizontal: Al lanzar el avión ligeramente hacia arriba, la corriente inferior se ve empujada hacia abajo por las alas, lo que provoca, de acuerdo con la Tercera Ley de Newton (o Ley de acción y reacción), un empuje equivalente hacia arriba en el avión. Y éste vuela. La misma explicación es aplicable a los *flaps* y alerones de los aviones acrobáticos, a cuyas alas, de perfil simétrico, no es aplicable el principio de Bernoulli.

Además, existe un último factor, debido a la viscosidad del aire. Se trata del efecto Coanda, por el cual los fluidos tienden a pegarse a las superficies sobre las que inciden. Este efecto puede verse fácilmente colocando un lado de un vaso tumbado bajo un grifo: El chorro de agua, en lugar de rebotar, se pega al vaso y lo rodea por debajo; incluso puede llegar a salir hacia arriba por el otro lado. En el caso del ala de un avión con la superficie superior abombada, o con los alerones inclinados hacia abajo, el aire, al pegarse a la superficie superior, es desviado hacia abajo, lo que provoca como reacción un impulso adicional hacia arriba en el avión. Literalmente, las alas se agarran al aire que tienen por encima.

Por supuesto, todo esto solo son explicaciones cualitativas. Los ingenieros aeronáuticos, cuando diseñan un avión, recurren a las ecuaciones de Navier-Stokes, que son las que describen exactamente los movimientos de los fluidos. La resolución de estas complejas ecuaciones es la que les permite calcular la sustentación de un avión en cualquier circunstancia.

Muchos grandes científicos se han dedicado al estudio de los fluidos: Daniel Bernoulli en el siglo XVIII, Claude-Louis Navier y George Gabriel Stokes en el siglo XIX, Henri Coanda en el siglo XX... Podemos volar tranquilos: Estamos en buenas manos.

El arco iris

Como ya demostró Newton, la luz blanca del Sol está formada por todo un espectro de colores. Aunque nosotros distinguimos habitualmente siete colores (rojo, naranja, amarillo, verde, azul, añil y violeta), en realidad se trata de un espectro continuo, donde cada color corresponde a una longitud de onda o a una frecuencia de las ondas electromagnéticas emitidas por el Sol. Cada una de esas longitudes de onda, que viajan unidas por el espacio, tiene un comportamiento ligeramente distinto cuando se refractan, o sea, cuando, al pasar de un medio material a otro, alteran ligeramente su trayectoria. La refracción es lo que hace que, cuando introducimos un palo en el agua, lo veamos doblado; el palo sigue intacto, son los rayos de luz los que se doblan al pasar del aire al agua o viceversa.

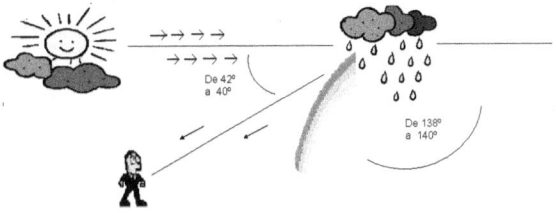

El arco iris (Andreube)

Cuando los rayos del Sol penetran en una gota de agua de lluvia, cada color se desvía con un ángulo ligeramente diferente, que solo depende de su longitud de onda. Después, los rayos se reflejan en la pared interna de la gota y salen al exterior ya separados. Estos rayos que salen de la gota forman un ángulo con el rayo de Sol incidente de unos 42°, un poco diferente para cada color, de manera que, cuando nos colocamos de espaldas al Sol, solo veremos colores en los puntos que formen ese ángulo con la línea imaginaria que une el Sol con nuestra cabeza; esos puntos, pues, forman un círculo. No es que solo las gotas de agua situadas en el arco iris emitan los colores, es que los rayos de luz que salen de las gotas situadas en otros puntos del cielo no llegan a nuestros ojos.

A veces, los rayos de luz rebotan dos veces en el interior de la gota y salen formando un ángulo mayor, de unos 50°; es el segundo arco iris que a veces se ve sobre el principal. Este arco iris es más débil que el primero porque en cada rebote de la luz en el interior de la gota se pierde energía; además, en los rebotes los colores invierten su posición, así que en el segundo arco iris los colores están invertidos con respecto al primero: el rojo abajo y el violeta arriba. Entre los dos arco iris, el cielo es más oscuro; es la zona oscura de Alejandro. La luz que falta en esa zona es la que se concentra para formar los dos arco iris que vemos nosotros, y los que ven otros observadores situados en otros puntos.

También los rayos del Sol que no sufren ninguna reflexión en el interior de las gotas, y los que se reflejan más de dos veces, producen arco iris, aunque son mucho más débiles y difíciles de ver. Los correspondientes a cero, tres y cuatro reflexiones se sitúan además cerca del Sol, lo que dificulta aún más su observación.

A veces, cuando el arco iris es muy intenso, pueden verse colores adicionales repetidos más allá del violeta; son los arcos supernumerarios, que se producen por fenómenos de interferencia de la luz dentro de las gotas de agua.

La cavitación

La temperatura de ebullición de un líquido depende de su presión. En este hecho se basa el funcionamiento de la olla exprés: Al estar cerrada herméticamente, el calentamiento del aire que contiene hace aumentar la presión, de manera que el agua no hierve hasta los 120 °C; a esa temperatura, los alimentos se cocinan mucho más deprisa. A la inversa, en la cima del Everest, donde la presión atmosférica es tan baja que el agua hierve a 71 °C, es muy difícil cocinar; por ejemplo, según el libro *Tortilla quemada*, del químico Claudi Mans, para hacer un huevo duro allí habría que cocerlo durante más de media hora.

De acuerdo con el principio de Bernoulli, el mismo principio que explica la sustentación de las alas de los aviones, cuando un objeto se mueve a gran velocidad en un fluido, sea líquido o gas, se produce una disminución de la presión alrededor del mismo. En el caso de un líquido, como hemos visto, el descenso de la presión implica una disminución de la temperatura de ebullición, y puede ocurrir, si el descenso de la presión es suficiente, que esa temperatura de ebullición llegue a coincidir con la temperatura a la que se encuentra el líquido; en ese caso, el líquido se vaporiza en una estela de burbujas alrededor del objeto en movimiento; es el fenómeno conocido con el nombre de cavitación. Como el descenso de presión en el líquido solo se produce localmente, alrededor del objeto, las burbujas se encuentran rodeadas de líquido a mayor presión, así que se comprimen muy rápidamente; su temperatura y su presión aumentan hasta que colapsan violentamente liberando energía en forma de ondas de choque y de luz, en un fenómeno conocido con el nombre de sonoluminiscencia; en ese momento, en el caso de un objeto que se mueve a gran velocidad en el agua, la temperatura del vapor puede alcanzar varios miles de grados, con una presión de cientos de atmósferas.

La cavitación suele ser un fenómeno indeseable: La formación de las burbujas disminuye la eficiencia de mecanismos como hélices, motores y bombas de agua, y la energía liberada en su implosión provoca ruido, vibraciones, desgaste y corrosión en los materiales. En la ingeniería naval se trata de evitar este fenómeno para conseguir barcos y submarinos más silenciosos y duraderos.

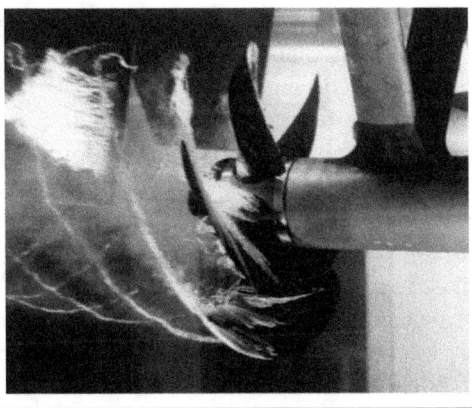

Cavitación en una hélice (U.S. Navy)

Cuando la velocidad del objeto en el líquido es muy alta, la burbuja de vapor puede llegar a englobarlo completamente, de manera que el objeto, literalmente, «vuela» dentro de ella; es lo que se llama supercavitación. La supercavitación reduce enormemente el rozamiento sufrido por el objeto, puesto que la resistencia al movimiento que opone el vapor es mucho menor que la que opone el líquido. Desde la Segunda Guerra Mundial se han desarrollado varios tipos de armamento basados en la supercavitación, como misiles y proyectiles aire-mar, pistolas y rifles de asalto submarinos, y sobre todo torpedos; el torpedo ruso VA-111 Shkval y el Hoot iraní, que probablemente está copiado del primero, alcanzan una velocidad de 370 km/h, y los constructores del Barracuda alemán afirman que éste llega a los 800 km/h. Estos torpedos utilizan un cohete para su propulsión, ya que una hélice no sería eficaz dentro de una burbuja de vapor. No sé los alemanes, pero los rusos, y los iraníes, «hacen trampa», en el sentido de que la burbuja de vapor no está generada enteramente por cavitación, sino que está compuesta en parte por gases de escape, desviados hacia el morro del torpedo para agrandarla artificialmente.

Existe otro tipo de cavitación, en el que las burbujas no se producen por el movimiento de un objeto, sino mediante ondas sonoras; así funciona la litotricia extracorpórea, el método de destrucción de las piedras del riñón con ultrasonidos, y también los dispositivos de limpieza ultrasónicos, en los que una fuente de ultrasonidos produce millones de minúsculas burbujas de cavitación en un fluido para arrancar la suciedad de objetos delicados, como joyas, instrumentos ópticos y quirúrgicos, relojes, componentes electrónicos, etc.

También en la naturaleza se produce cavitación, que afecta a algunos animales acuáticos. Para los nadadores rápidos, como los delfines y los atunes, la cavitación constituye una limitación en la velocidad que pueden alcanzar. Los delfines evitan nadar tan rápido como podrían por el dolor que les provoca el colapso de las burbujas de cavitación en las aletas, llenas de terminaciones nerviosas; los atunes, por su parte, no tienen esa sensibilidad en las aletas, pero ven limitada de todos modos su velocidad por la pérdida de eficiencia que provocan las burbujas.

Otras especies animales han conseguido incluso aprovechar la cavitación en su beneficio: dos grupos de crustáceos, los alfeidos o camarones armados y algunos estomatópodos —grupo al que pertenece la sabrosa galera (*Squilla mantis*)—, utilizan burbujas de cavitación para cazar.

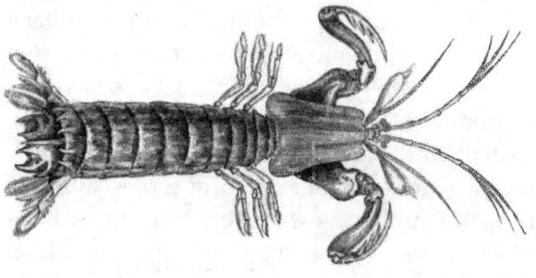

Una galera (R.A. Lydekker)

En los crustáceos estomatópodos, las dos patas delanteras están más desarrolladas que las demás, y terminan en forma de mazo o de cuchilla; el animal las lleva dobladas debajo del cuerpo, en una postura semejante a la de una mantis religiosa.

Para cazar, despliegan rápidamente las patas y golpean a su presa; pueden infligir graves daños a presas mucho más grandes que ellos. Los estomatópodos dotados de mazos pueden desplegar estos con una velocidad de hasta 23 m/s, suficiente para generar burbujas de cavitación. Así, la presa recibe dos impactos: primero el del mazo e inmediatamente después el de las burbujas de cavitación. Incluso si el primer golpe falla, la onda de choque generada por la cavitación puede por sí sola matar o atontar a la presa.

Los camarones armados han llevado el uso de la cavitación aún más lejos. Tienen la pinza de un lado más grande que la del otro, y con ella producen un chasquido tan violento que genera burbujas de cavitación con una presión tan grande que puede matar peces pequeños a unos centímetros de distancia. De hecho, los camarones armados están entre los animales más ruidosos del océano. El arma de los camarones armados es tan importante para ellos que son capaces de invertir sus pinzas: Cuando un camarón pierde su pinza grande, en su lugar crece una pequeña, y la pinza pequeña del otro lado crece también para reemplazar lo antes posible la pinza grande perdida.

Pseudocavitación

Existe un fenómeno similar a la cavitación, que a veces se confunde con esta, en el que no es el líquido el que se vaporiza, sino un gas disuelto en él. Al igual que el punto de ebullición, también la solubilidad de un gas en un líquido varía con la presión. A mayor presión, más gas se puede disolver en un volumen dado. Por eso, cuando se destapa un refresco con gas, que está embotellado a presión, ésta disminuye, y parte del gas ya no puede permanecer disuelto y se libera en forma de burbujas. Aunque la causa, la disminución de presión, y el efecto, la liberación de burbujas de gas, son los mismos que en la cavitación, no se trata estrictamente del mismo fenómeno, puesto que en este caso el líquido en sí no se ve afectado. En muchas obras de divulgación científica se confunden, pero éste es un fenómeno distinto, llamado pseudocavitación.

La pseudocavitación es un fenómeno presente en muchos seres vivos. En las plantas vasculares, sobre todo si superan el medio metro de altura, la evaporación del agua en las hojas provoca una disminución de presión en la parte superior de los conductos que conducen el agua desde las raíces hasta las hojas. Esta disminución de la presión es responsable en parte de la succión que hace ascender el agua, pero por otra parte puede provocar que el aire disuelto en esta se libere en forma de burbujas; estas burbujas pueden llegar a interrumpir el flujo de agua y provocar en ciertos casos la muerte de la planta cuando hace mucho calor y la evaporación es muy rápida. En algunos árboles, sobre todo en verano, el sonido de la pseudocavitación en sus tejidos es claramente audible. La caída de las hojas de los árboles caducifolios en otoño también está provocada en parte por la pseudocavitación: Con el descenso de temperaturas, el aire se vuelve menos soluble en el agua y es más fácil la formación de burbujas y la interrupción del suministro de agua a las hojas, por lo que estas se secan.

Otro caso de pseudocavitación es el crujido de los nudillos y otras articulaciones. En las articulaciones móviles, los huesos no rozan unos contra otros directamente, sino que están separados por una cápsula llena de un líquido, llamado líquido sinovial, que sirve de lubricante. Cuando se fuerza una articulación, su cápsula sinovial se dilata; el descenso de presión en el líquido sinovial no es suficiente para que éste se vaporice, pero sí para que se libere el aire que lleva disuelto. Ese aire ha llegado al líquido sinovial disuelto en otros fluidos corporales, como la sangre; en el cuerpo humano no hay compartimentos estancos. La explosión de las burbujas de aire en el líquido sinovial es la que produce el crujido de los nudillos, y también de otras articulaciones, que algunas personas parecemos a veces castañuelas andantes. Una vez que los gases se han liberado, hay que esperar unos minutos para que se disuelvan otra vez; por eso no es posible hacer crujir el mismo nudillo dos veces seguidas. Ésta es una diferencia importante con la cavitación: En la cavitación, la implosión de las burbujas resulta en la licuefacción instantánea del vapor, por lo que el fenómeno se puede repetir inmediatamente. A propósito del crujido de los nudillos, los escasos estudios médicos realizados al respecto no se ponen de acuerdo sobre la inocuidad de esta costumbre, así que, como con tantas cosas, lo prudente es no abusar.

En el ser humano, el crujido espontáneo de una articulación puede ser indicio de alguna lesión. Sin embargo, en varias especies de ciervos y antílopes, como el eland (*Taurotragus*), el crujido de las articulaciones de las patas cuando caminan es la norma.

Una eland joven (Vassil)

Hay un animal, al menos, que posiblemente saca partido de la pseudocavitación. Se trata del rorcual común (*Balaenoptera physalus*). El rorcual común, que puede medir hasta veintisiete metros de longitud, es un cetáceo filtrador, que se alimenta de peces, crustáceos y calamares engullendo grandes cantidades de agua que luego filtra con las barbas de sus mandíbulas. Sin embargo, aún no se ha podido explicar cómo hace el rorcual para evitar que sus presas, ágiles y activas, escapen antes de que se cierre la boca. Los experimentos realizados con mecanismos artificiales de tamaño y forma similar son incapaces de capturar nada.

Los balleneros han comprobado que, al abrir las mandíbulas de un rorcual muerto se produce un estruendo sordo, seguido del sonido de un golpe seco procedente del extremo de las mandíbulas inferiores, que se propaga por toda la mandíbula y la hace vibrar. En los rorcuales, a diferencia del resto de los mamíferos, la mandíbula inferior está formada por dos huesos, conectados por una cápsula sinovial en el mentón. Al abrir la boca, estos huesos tienden a separarse, así que la explicación más plausible para esos sonidos es la pseudocavitación en la cápsula sinovial. También en los rorcuales vivos se han escuchado sonidos parecidos cuando se alimentan; es posible que los sonidos causados por pseudocavitación en el extremo de la mandíbula sirvan al rorcual común, y quizá también a otras especies de rorcuales, para espantar a sus presas hacia el interior de la boca y evitar que escapen. Pero hasta ahora no se ha podido verificar que se trate realmente de sonidos producidos por pseudocavitación.

Las astas del venado, un arma temible

Un grupo de científicos del Grupo de Recursos Cinegéticos del Instituto de Desarrollo Regional de la Universidad de Castilla-La Mancha, en Albacete, en colaboración con el Departamento de Biología de la Universidad de York (Inglaterra), ha estudiado las propiedades mecánicas de la cornamenta de los ciervos (*Cervus elaphus*) en función de su hidratación.

Solo los machos del ciervo tienen cuernos, que en realidad están hechos de hueso, y se mudan todos los años. La cornamenta se desarrolla durante la primavera y el verano, cubierta por una piel protectora. Al llegar el otoño, los venados escodan la cuerna: golpean las astas contra los árboles para descorrearse, o sea, para desprender la piel; en la época de celo, cuando los machos combaten entre sí por las hembras, los cuernos están desnudos. Pasada la época de la reproducción, en invierno, los ciervos desmogan, pierden los cuernos, que vuelven a crecer en la primavera y el verano.

Los científicos han estudiado el estado de hidratación de las astas desde que se descorrean hasta la muda, y han descubierto que en las primeras semanas los cuernos se deshidratan muy rápidamente. Además, han comprobado que, en comparación con un hueso del interior del cuerpo, como el fémur, las astas húmedas tienen mucha menos elasticidad, pero son más resistentes a la fractura, y estas propiedades se acentúan en las astas secas, cuya capacidad de absorción de energía en los impactos es enorme. De manera que, cuando llega la época de celo, cuando las astas ya están secas, sus propiedades son perfectas para la lucha.

Cabeza de ciervo (Walter Heubach).

El poderoso influjo de la Luna

Las mareas no son un fenómeno exclusivo de los océanos. También afectan a la tierra firme. Aunque en menor medida que el agua de los océanos, la corteza terrestre se mueve debido a la atracción gravitatoria de la Luna y el Sol.

Las oscilaciones provocadas por las mareas en la tierra firme pueden alcanzar hasta cincuenta y cinco centímetros en el Ecuador. En la vida diaria, es un fenómeno imperceptible, sobre todo porque, a diferencia de lo que ocurre con las mareas del océano, no tenemos un punto de referencia con respecto al que medirlo. Pero el efecto es importante; se ha comprobado que las mareas terrestres afectan a la velocidad de rotación de la Tierra y a su campo magnético, y recientemente se ha descubierto que se producen más terremotos en luna llena y luna nueva, cuando el Sol, la Tierra y la Luna están alineados y las mareas son más intensas.

Los movimientos de las mareas terrestres son lo suficientemente grandes para ser detectados por los GPS; la calibración de estos aparatos debe tener en cuenta ese efecto. También afecta a los grandes aceleradores de partículas; por ejemplo, la deformación causada por las mareas terrestres en el acelerador LEP del CERN (el precursor del LHC), un anillo subterráneo de veintisiete kilómetros de diámetro, provocaba una variación en la energía de los electrones acelerados de doscientas veinte partes por millón, que debía ser tenida en cuenta para que los resultados tuvieran la precisión requerida.

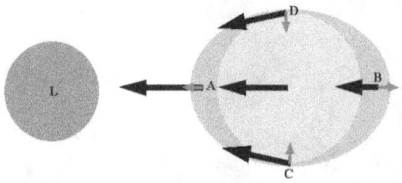

Fuerzas de marea provocadas por la Luna en la Tierra (Eman/Hebron).

Otro campo en el que es importante el efecto de las mareas terrestres es la interferometría de muy larga base, que consiste en la observación simultánea de un objeto celeste con un gran número de radiotelescopios situados en distintos lugares del mundo. La interferometría de muy larga base permite conseguir una resolución equivalente a la que se obtendría con un radiotelescopio gigantesco, cuyo tamaño sería igual a la distancia máxima entre los observatorios participantes. Pero para ello es necesario conocer con gran precisión la posición de cada uno de ellos, y esa posición se ve afectada por las mareas.

Libros en caída libre

No, no se trata de la sempiterna crisis del sector editorial. El caso es que hace unos días he sufrido un accidente. Nada grave, no hay que preocuparse. Resulta que a un grueso volumen de tapas duras le dio por tirarse desde lo alto de la librería, y me cayó sobre la mano. Con la fuerza del golpe, un pico del libro me abrió una pequeña herida, y la mano me ha estado doliendo dos días. Aunque, hablando con propiedad, no es la fuerza lo que importa en un golpe de estas características, sino la energía cinética del objeto; la fuerza es la de la gravedad, y no depende de la altura desde la que ha caído el objeto ni de su velocidad. Así que me puse a calcular la energía cinética que llevaba el libro, para compararla con la de un disparo a bocajarro de diferentes armas.

La energía cinética de un objeto es $mv^2/2$, donde m es la masa y v la velocidad. Para un objeto en caída libre, y despreciando el efecto del rozamiento del aire, que para distancias cortas es muy pequeño, la energía cinética es igual, por el principio de conservación de la energía, a la pérdida de energía potencial gravitatoria, esto es, mgh, donde de nuevo m es la masa, g es la aceleración de la gravedad (9,8 m/s^2) y h es la altura desde la que ha caído el objeto. En nuestro caso, el libro pesaba 1,6 kilos y cayó desde una altura de 1,2 metros, así que su energía cinética era 1,6 x 9,8 x 1,2 = 18,8 J (Julios), que corresponden a una velocidad de 4,85 m/s, ó 17,5 km/h.

El calibre para arma de fuego más pequeño que existe, el Kolibri 2mm, lleva balas de 0,2 gramos; la velocidad de salida de la bala es de 210 m/s, lo que da una energía cinética de solo 4,5 J, la cuarta parte de la energía del golpe. Un calibre 22 corto, con balas de entre 1,7 y 3,2 gramos, y velocidades de salida de 250 a 355 m/s, ya proporciona una energía cinética mucho mayor, de 60 a 190 J; un 38 Smith & Wesson Especial (balas de 7,1 a 10,2 gramos y velocidades entre 210 y 300 m/s), de 212 a 319 J; un 9 milímetros Parabellum (balas de 7,45 a 9,5 gramos y velocidades entre 305 y 435 m/s), de 419 a 704 J; y un Colt 45 (balas de 13 a 16,5 gramos y velocidades entre 283 y 315 m/s), de 641 a 709 J, lo que equivale aproximadamente a la energía cinética de un objeto de un kilo de peso que cae desde una altura de setenta metros. Como comparación, la energía cinética de una flecha lanzada por un arco de caza puede variar, dependiendo del arco, de la flecha y de la fuerza y la pericia del arquero, entre veinte y doscientos Julios aproximadamente, así que el golpe que recibí se puede comparar a un «pequeño flechazo».

Dejando de lado las armas, podemos también comparar la energía cinética de algunas aves en vuelo: la de un gorrión (unos treinta gramos a cuarenta kilómetros por hora) es de solo 1,85 Julios, mientras que la de un halcón peregrino lanzado en picado (un kilo a trescientos kilómetros por hora) es de casi tres mil quinientos Julios, cinco veces la del Colt 45.

Para terminar, según la legislación española, es necesaria una licencia para todas las armas de aire comprimido que generan a la salida del cañón una energía cinética mayor de 24,2 Julios.

La quinta dimensión... y siguientes

En 1915, la teoría de la Relatividad General de Einstein logró un gran éxito al ser capaz de describir todos los fenómenos que ya explicaba la teoría de la Gravitación Universal de Newton, así como otros que permanecían hasta entonces inexplicados, como el desplazamiento del perihelio de la órbita de Mercurio. La Relatividad General da además una explicación física de la gravedad, que en lugar de ser una fuerza que se propaga a distancia instantáneamente a través del espacio vacío, es una propiedad geométrica del espacio mismo. Pero, para ello, hay que añadir a las tres dimensiones habituales (longitud, anchura y altura) el tiempo como una dimensión adicional, aunque con ciertas propiedades especiales. Así, la Relatividad General plantea sus ecuaciones en un espacio de cuatro dimensiones, llamado espacio-tiempo.

La teoría recibió el espaldarazo definitivo al ser capaz de predecir que la gravedad puede desviar incluso los rayos de luz, predicción que se confirmó en 1919, con la medición de la posición de las estrellas cercanas al borde del Sol durante un eclipse. De la noche a la mañana, Einstein y su teoría de la Relatividad se hicieron mundialmente famosos.

A la vista del éxito de Einstein, el matemático alemán Theodor Franz Eduard Kaluza (1885-1954) trató de seguir el mismo método para incorporar el electromagnetismo a la teoría. Para ello, entre 1919 y 1921 desarrolló las ecuaciones de Einstein en cinco dimensiones y, bajo ciertas condiciones, logró derivar de ellas tanto las ecuaciones de la Relatividad General en cuatro dimensiones como las ecuaciones de Maxwell del campo electromagnético. Sin embargo, la teoría también predecía la existencia de una partícula hipotética, el radión, que nunca ha sido encontrada. Además, nuestra experiencia nos dice que nuestro mundo no tiene cinco dimensiones; para evitar la paradoja, Kaluza propuso que la quinta dimensión se encuentra comprimida a escala microscópica en forma de círculo en cada punto del espacio-tiempo cuatridimensional. Es análogo a lo que ocurre cuando observamos un tejido: Los hilos, que se ven como líneas sin anchura a cierta distancia, cuando se observan muy de cerca se convierten en cilindros.

La teoría de Kaluza fue refinada en 1926 por el físico sueco Oskar Benjamin Klein (1894-1977). Éste combinó la teoría de Kaluza con algunas ideas de la mecánica cuántica y pudo calcular el tamaño de la quinta dimensión: El radio del círculo de la quinta dimensión mide solo 10^{-30} centímetros, mil billones de veces más pequeño que un núcleo atómico.

En los años treinta del siglo XX, con el descubrimiento de las fuerzas nucleares, el objetivo de unificar todas las fuerzas físicas en una sola teoría se complicó. Ya no bastaba con unificar la gravedad y el electromagnetismo, la teoría unificada tendría que incluir la fuerza nuclear fuerte (responsable de la estabilidad de los núcleos atómicos) y la fuerza nuclear débil (responsable de la radiactividad).

Las modernas teorías de cuerdas y supercuerdas son teorías de Kaluza-Klein combinadas con los principios de la física cuántica, necesarios para incorporar las fuerzas nucleares. El número de dimensiones en las teorías de cuerdas viene dado por la necesidad de que la reducción de la misma al espacio-tiempo macroscópico de cuatro dimensiones sea consistente. Las teorías de cuerdas y supercuerdas más populares tienen diez, once o veintiseis dimensiones; las dimensiones comprimidas ya no son simples círculos, sino lo que se llama variedades; una variedad es la generalización de una curva (variedad de una dimensión) o una superficie (variedad de dos dimensiones) en cualquier número de dimensiones superiores. Pero ninguna de esas teorías ha logrado aún imponerse: Solo la experimentación nos dirá si alguna de ellas consigue el Santo Grial de la Física: la unificación de todas las fuerzas de la naturaleza. Aunque, por el momento, las enormes energías necesarias para la verificación experimental de las teorías de cuerdas están fuera del alcance de los aceleradores de partículas actuales y de los que previsiblemente se van a construir en el futuro.

El carbono-14

Los elementos químicos se distinguen unos de otros por su número atómico, el número de protones o de electrones que contienen sus átomos. Como los átomos son neutros, el número de protones, que tienen carga eléctrica positiva, es igual al número de electrones, con carga eléctrica negativa. Así, el átomo de hidrógeno está formado por un protón y un electrón, mientras que el de carbono contiene seis protones y seis electrones. Casi todos los átomos contienen además otras partículas llamadas neutrones, que carecen de carga eléctrica y son necesarias para la estabilidad del núcleo atómico. Para un mismo elemento químico, pueden existir diferentes versiones de sus átomos, con diferente número de neutrones; son los llamados isótopos.

Existen tres isótopos naturales del carbono: el carbono-12, con seis neutrones, el carbono-13, con siete, y el carbono-14, con ocho neutrones. Se han creado otros isótopos artificialmente, pero son muy inestables y solo existen durante unos pocos segundos o menos. El número en el nombre del isótopo representa el número de partículas, protones y neutrones, en su núcleo. Por ejemplo, el carbono-14 tiene seis protones, como todos los átomos de carbono, y ocho neutrones. Seis más ocho, catorce.

De los tres isótopos naturales del carbono, solo el carbono-14 es inestable; cuando se desintegra, uno de sus neutrones se transforma en un protón mediante la emisión de un electrón y un antineutrino. Así, el carbono-14, con seis protones y ocho neutrones, se convierte en nitrógeno-14, con siete protones y siete neutrones.

De acuerdo con las leyes que gobiernan la radiactividad, el tiempo que tarda un número dado de átomos de un isótopo radiactivo en reducirse a la mitad es una constante independiente del tamaño de la muestra; es lo que se llama semivida o periodo de semidesintegración del isótopo. Para el carbono-14, la semivida es de 5730 años. Dada una muestra con N átomos de carbono-14, al cabo de 5730 años solo quedarán N/2; después de otros 5730 años, el número se habrá reducido a N/4; y así sucesivamente.

¿Cómo es posible entonces que, después de los miles de millones de años que tiene la Tierra, quede bastante carbono-14 para poder detectarlo? Lo que ocurre es que el carbono-14 se produce de manera natural en las capas altas de la atmósfera por la interacción de los rayos cósmicos con los átomos del aire. Entre la multitud de partículas que los rayos cósmicos generan en la atmósfera, se producen neutrones. Cuando uno de esos neutrones choca contra un átomo de nitrógeno-14 puede desplazar y sustituir en su núcleo a un protón, y de esta manera el átomo se convierte en carbono-14. El carbono-14 así producido se esparce por la atmósfera y reacciona con el oxígeno para formar dióxido de carbono. Las plantas, en la fotosíntesis, absorben ese dióxido de carbono radiactivo; de esta manera, el carbono-14 entra en la cadena alimentaria. La proporción de carbono-14 en los seres vivos es similar a la atmosférica: aproximadamente, uno de cada billón de átomos de carbono es carbono-14.

Cuando mueren, los seres vivos dejan de incorporar a sus tejidos el carbono-14, y los átomos existentes se van desintegrando. Como la proporción inicial de carbono-14 es conocida, es posible determinar el tiempo transcurrido desde la muerte de un ser vivo midiendo la proporción de carbono-14 contenido en sus restos. Así se puede medir la antigüedad de todo tipo de materiales orgánicos, como tejidos, maderas, marfiles, conchas, etc. Este método de datación fue desarrollado en 1949 por el químico estadounidense Willard Libby, que recibió por ello el Premio Nobel de Química en 1960.

En realidad, la concentración de carbono-14 en la atmósfera no ha sido constante a lo largo del tiempo, pero comparando los resultados con otros métodos de datación, como la dendrocronología (el estudio de los anillos de crecimiento de los árboles), se han establecido unas curvas de calibración para el carbono-14 que permiten obtener la edad de una muestra con una precisión de unos cuarenta años.

El método de datación del carbono-14 solo es aplicable a restos orgánicos de hasta sesenta mil años de antigüedad. En restos más antiguos, la cantidad de carbono-14 presente es demasiado pequeña para obtener resultados precisos. Para materiales inorgánicos, y para muestras más antiguas, la datación se realiza de modo análogo utilizando otros isótopos radiactivos de semivida más larga, como el uranio-235, el uranio-238, el rubidio-87, el potasio-40, etc.

Para las dataciones con carbono-14 de muestras antiguas se toma como punto de referencia el año 1950; después de ese año, los ensayos nucleares duplicaron la concentración natural de carbono-14 en la atmósfera; tomar como referencia fechas posteriores complicaría enormemente la calibración de los datos. En el Instituto Nacional de Estándares y Tecnología (NIST) de EE.UU. se almacena un patrón de referencia en forma de ácido oxálico cuyo contenido de carbono-14 es equivalente al de un trozo de madera de 1950. Desde la interrupción de esos ensayos nucleares, la disminución de la concentración de carbono-14 en la atmósfera ha sido muy regular, lo que permite fechar con mucha precisión también ciertos productos orgánicos recientes, como por ejemplo los vinos. Es posible determinar con exactitud la cosecha de un vino por su contenido en carbono-14, o el año de nacimiento de una persona por el contenido de carbono-14 del esmalte de los dientes o de las lentes del ojo.

Además del efecto de las explosiones nucleares en la concentración de carbono-14 en la atmósfera, otros muchos efectos pueden alterar el resultado de una datación mediante el carbono-14:

La interacción de la circulación global de las aguas marinas con la absorción del carbono atmosférico por los océanos hace que el carbono contenido en las aguas superficiales parezca unos cuatrocientos años «más viejo» que el de la atmósfera, con grandes variaciones regionales en las que influyen factores como la lluvia, el aporte de agua dulce por ríos... Esto complica, por ejemplo, la datación de huesos humanos en los yacimientos arqueológicos costeros cuando una parte de la alimentación de los individuos, y por tanto una parte del carbono de sus tejidos, procedía del mar. De manera semejante, cada cuenca hidrográfica posee su propio ciclo del carbono, en el que la concentración de carbono-14 se puede ver afectada por la disolución de rocas y otros procesos geoquímicos y bioquímicos.

Por otra parte, la datación de un fragmento de carbón vegetal en un yacimiento arqueológico no da la edad del yacimiento, sino la de la madera de la que se hizo el carbón. En el caso de que ésta procediera del interior del árbol, el duramen, que está formado por células muertas, su antigüedad puede ser mucho mayor que la fecha en la que se cortó el árbol. Del mismo modo, la datación de un objeto arqueológico fabricado con una concha da la edad de la concha, no la del objeto; esta puede ser la misma que la primera, pero también puede ser muy posterior. Finalmente, queda el efecto de la quema de los combustibles fósiles. El petróleo, el carbón y el gas natural, que han permanecido enterrados durante millones de años, han perdido casi todo su carbono-14. La emisión a la atmósfera de los gases de combustión del gas, del carbón y del petróleo ha reducido desde la revolución industrial la proporción de carbono-14 atmosférico. Aunque el efecto global no es muy grande, los efectos locales pueden ser espectaculares: La datación por carbono-14 de un arbusto vivo que crezca al borde de una autopista le puede atribuir una edad de más de doce mil años. Y lo mismo puede ocurrir tras las erupciones volcánicas con la emisión de gases que contengan carbono procedente del interior de la Tierra, también muy pobre en carbono-14.

Pero, como ya hemos dicho, la datación mediante carbono-14 se puede calibrar con otros métodos independientes, así que, si se tienen en cuenta todos esos efectos, sus resultados son muy fiables, y constituye una herramienta valiosísima para arqueólogos y paleontólogos.

El sincrotrón ALBA

Un acelerador de partículas tiene multitud de aplicaciones: irradiación de tumores en medicina, obtención de imágenes, estudio de científico de materiales y de las fuerzas básicas de la naturaleza... El acelerador es un aparato que, por medio de intensos campos electromagnéticos (como los que se producen en un electroimán o en un tubo fluorescente), es capaz de acelerar partículas cargadas eléctricamente. Nuestro país ya cuenta con un acelerador de partículas: el sincrotrón ALBA.

El mes de marzo de 2010 se inauguraba en la Universidad Autónoma de Barcelona el sincrotrón español, ALBA. El sincrotrón es, pues, un tipo de acelerador de partículas; en este caso, en forma de anillo. En ALBA, las partículas que se aceleran son electrones, las mismas que forman parte de los átomos y son responsables de la corriente eléctrica. En un sincrotrón, los campos eléctricos (que aceleran los electrones) y magnéticos (que curvan sus trayectorias) están sincronizados (de ahí el nombre de sincrotrón), de manera que la trayectoria de las partículas se mantiene estable, confinada dentro del anillo, a lo largo de todo el proceso de aceleración.

En el anillo de ALBA, de doscientos setenta metros de circunferencia, los electrones son acelerados hasta velocidades próximas a la de la luz, inimaginables para la mente humana, al igual que ocurre con la energía que alcanzan: una energía máxima de tres gigaelectronvoltios (GeV), o tres mil millones de electronvoltios; si se quisiera transferir esa energía al electrón en un solo «empujón» haría falta un campo eléctrico de tres mil millones de voltios. Enorme. Por eso, en la práctica, se mantiene a los electrones girando dentro del anillo del acelerador y se va aumentando su energía, y por tanto su velocidad, poco a poco.

Esquema de un sincrotrón (© EPSIM 3D/JF Santarelli, Synchrotron Soleil)

En ALBA no se usan los electrones directamente, sino los rayos X que emiten constantemente cuando recorren el acelerador a esas enormes velocidades. Esta emisión de rayos X, llamada radiación de sincrotrón, fue predicha teóricamente por los físicos soviéticos Dmitri Ivanenko e Isaak Pomeranchuk en 1944 y descubierta en 1947 por científicos de General Electric.

Con esos rayos X se realizan investigaciones en siete áreas experimentales especializadas, de aplicación en múltiples campos de la ciencia: física, química, biología, medicina, arqueología, paleontología, farmacología, ingeniería. Se estudian las propiedades de superficies sólidas y líquidas, con aplicación en múltiples campos de la industria, desde la fabricación de impresoras y tintas más eficientes hasta la mejora de los motores de automóviles, aviones...; la dinámica de las reacciones químicas, lo que permite optimizar multitud de procesos de fabricación, desde fertilizantes hasta medicamentos; la estructura de moléculas biológicas, virus, microorganismos y tejidos, con aplicaciones en la biología básica y en la lucha contra las enfermedades; la estructura de materiales cristalinos y amorfos, que permite obtener nuevos materiales y mejorar los existentes para infinidad de aplicaciones en la ingeniería. Además, los rayos X de ALBA se pueden emplear también para la obtención de imágenes tridimensionales de todo tipo de muestras microscópicas, para el tratamiento de enfermedades y para el fechado y análisis físico-químico de fósiles y restos arqueológicos.

Una desintegración nuclear inesperada

La investigación científica en el CERN (Laboratorio Europeo de Física de Partículas) no se limita al LHC. Hay también otros aceleradores, que alimentan otros experimentos para investigar temas tan interesantes como la estructura interna de los hadrones (partículas compuestas de quarks, como los protones y los neutrones), la interacción nuclear fuerte entre los quarks, la antimateria, la posible relación entre los rayos cósmicos y la formación de nubes, las partículas procedentes del Sol... Algunos de estos experimentos se llevan a cabo en ISOLDE (Separador isotópico de masas *on-line*), una fuente de haces de baja energía de isótopos radiactivos (núcleos atómicos inestables porque tienen demasiados o demasiado pocos neutrones) que puede producir más de mil isótopos diferentes de casi todos los elementos conocidos.

En ISOLDE, esos isótopos radiactivos se desintegran, y los núcleos resultantes de esa desintegración se recogen y estudian. Generalmente, esas desintegraciones nucleares son simétricas: Los dos fragmentos que se producen tienen aproximadamente el mismo tamaño. A veces se detectan desintegraciones asimétricas, pero en estos casos los fragmentos resultantes son lo que se llama «núcleos mágicos», núcleos que tienen un «número mágico» de protones o de neutrones, o de ambos. ¿Qué son los números mágicos? En los núcleos atómicos, los protones y los neutrones, cada uno por su lado, se distribuyen en «capas» (que no son realmente capas como las de una cebolla, sino estados de energía cada vez más alta). En cada una de esas capas cabe un número fijo de protones o neutrones; y los números mágicos corresponden a los núcleos en los que todas sus capas están llenas. Estos núcleos son especialmente estables frente a las desintegraciones nucleares, de forma análoga a lo que ocurre con los electrones en la tabla periódica de los elementos: Los elementos con todas sus «capas» de electrones completas (los gases nobles) son especialmente estables frente a las reacciones químicas.

Pues bien, cuando, en 2010, se estudió en ISOLDE la desintegración del mercurio-180, un núcleo inestable que contiene 80 protones y 100 neutrones, los científicos esperaban que se desintegrase en dos núcleos de circonio-90, cada uno de ellos con 40 protones y 50 neutrones, ya que 50 es un número mágico. Pero no fue así. El mercurio-180 se desintegra en un núcleo de rutenio-100 (44 protones y 56 neutrones) y otro de kriptón-80 (36 protones y 44 neutrones).

Si algo aprendí de Física Nuclear en la universidad, es que los cálculos involucrados en ella son extremadamente complicados, y que casi ningún problema se puede resolver exactamente; para obtener resultados es necesario recurrir a aproximaciones y a modelos simplificados. En una desintegración nuclear no solo hay que tener en cuenta el estado inicial y el estado final, sino todos los estados intermedios, en los que el núcleo original se deforma y se divide en dos, influido además por las fuerzas nucleares y electromagnéticas entre los protones y los neutrones que lo componen. De ahí que, como en este caso, a veces los experimentos nos den sorpresas.

BIOLOGÍA

Un pez psicodélico

A finales del año 2007, tres buceadores observaron un extraño pez en el concurrido puerto de Ambon, una de las islas Molucas, en Indonesia. Se trataba de un pez del tamaño de un puño, muy vistoso, con el cuerpo gelatinoso cubierto de gruesos pliegues de piel que lo protegen de los afilados corales en los que viven, y decorado con rayas blancas y naranjas. Nunca antes habían visto un pez semejante, así que se pusieron en contacto con varios expertos para tratar de identificarlo. Una foto del pez llegó a manos de Ted Pietsch, un ictiólogo de la Universidad de Washington, que se jugó su reputación a que se trataba de un rape, aunque, a diferencia de la mayoría de éstos, carece del apéndice sobre la cabeza que les sirve de cebo para atraer a sus presas. A principios de 2009, las pruebas de ADN realizadas confirmaron que se trataba de una nueva especie de rape, que fue bautizada por Pietsch con el nombre de *Histiophryne psychedelica*.

El nombre específico, *psychedelica*, es apropiado no solo por el colorido del animal, sino por su comportamiento. Las aletas laterales, como en otros rapes, son más parecidas a patas que a verdaderas aletas. De hecho, muchos rapes prefieren reptar en lugar de nadar. Pero *Histiophryne psychedelica* salta; usa sus aletas para impulsarse lejos del suelo y expulsa agua por las agallas para propulsarse. Con la cola curvada hacia un lado, parece un balón de goma rebotando de un lado a otro sin control.

Otra característica sorprendente de la nueva especie es que su cara es aplanada, con los ojos dirigidos hacia delante. Se trata de un caso único entre los rapes. Es posible que este pez tenga visión binocular, como los seres humanos.

Se ha observado que los vivos colores de este pez se desvanecen en pocos días en los ejemplares conservados en alcohol. El pez se vuelve blanco, pero un examen microscópico de la piel puede detectar aún las rayas. Esto ha llevado a Pietsch a examinar dos ejemplares blanquecinos conservados en la colección de peces de su universidad, que habían sido pescados en Bali en 1992. En efecto, estos individuos tienen el rayado distintivo de *Histiophryne psychedelica*; la universidad tenía dos ejemplares de la nueva especie desde hacía diecisiete años, pero nadie se había dado cuenta.

Las quelonias, unas mariposas de armas tomar

Las quelonias, como la gitana (*Arctia caja*) de la ilustración, son un grupo de mariposas robustas y velludas, de alas anchas y vistosas, que han desarrollado varios medios de defensa para protegerse de los depredadores. Aunque están incluidas entre las mariposas nocturnas por su anatomía (pliegan las alas hacia atrás, cubriendo las posteriores con las anteriores), la mayor parte de las quelonias son activas durante el día.

Una gitana (F. Nemos).

En primer lugar, los vivos colores y el olor repugnante de las quelonias advierten a los pájaros de su toxicidad. Muchas especies acumulan en su organismo sustancias venenosas que obtienen de las plantas de las que se alimentan. Las que no lo hacen también presentan una coloración semejante para confundir a los depredadores. Algunas especies son capaces de sintetizar sus propias defensas químicas. Las orugas están cubiertas además de pelos urticantes.

El veneno, habitualmente obtenido por las orugas de las plantas de las que se alimentan, se mantiene en el cuerpo durante toda la vida de la mariposa, y puede ser transmitido por las hembras a los huevos. Además, en algunos casos, el macho puede transferir el veneno a la hembra durante la fecundación, como parte del contenido del espermatóforo, el paquete de espermatozoides que el macho introduce en la hembra. Si la hembra procede de una oruga que se alimentó de una planta no venenosa, y carece por tanto de sustancias tóxicas, utilizará el veneno cedido por el macho para proteger sus huevos y en algunos casos es capaz incluso de distribuirlo por su propio cuerpo, y esto en cuestión de segundos.

Las quelonias también presentan, aunque no es una característica exclusiva de este grupo, un órgano en el tórax formado por unas membranas que, al vibrar, producen ultrasonidos. Estos ultrasonidos sirven para el apareamiento y también para anunciar a los depredadores su toxicidad, e incluso se ha comprobado que pueden desorientar a los murciélagos.

Los ojos del geco

Los gecos son esos pequeños (o no tan pequeños) lagartos insectívoros dotados de almohadillas adhesivas en las patas que les permiten caminar por paredes lisas verticales e incluso por techos. En España, la familia de los gecos está representada por las salamanquesas, que con tanta frecuencia se cuelan en el interior de nuestras casas y tantos sustos dan a nuestras madres.

Los gecos tienen unos ojos enormes, con pupilas verticales lobuladas que les permiten un extraordinario rango de variación de abertura. Los gecos nocturnos (casi todos) son de los pocos animales capaces de distinguir los colores por la noche: su retina está formada exclusivamente por conos, las células encargadas de ver en color. Además, los conos de los gecos son trescientas cincuenta veces más sensibles que los de los humanos.

En 2009, unos investigadores de la Universidad de Lund (Suecia) descubrieron que los ojos de los gecos nocturnos están formados por zonas concéntricas con diferentes índices de refracción, lo que los convierte en verdaderas lentes multifocales, que les permiten enfocar con nitidez luces de diferentes colores con una gran abertura de la pupila o enfocar simultáneamente objetos a diferentes distancias. Estas investigaciones abren la puerta al desarrollo de sistemas ópticos multifocales, como por ejemplo lentes de contacto progresivas.

El dragón de Komodo es venenoso

El dragón de Komodo (*Varanus komodoensis*) es el mayor lagarto del mundo[4], con tres metros de longitud y más de cien kilos de peso. El dragón de Komodo habita en varias islas de Indonesia central (Komodo, Rinca, Flores, Gili Motang y Gili Dasami). Su técnica de caza consiste en infligir profundas heridas a sus presas y esperar a que mueran desangradas. Hasta hace poco se creía que las mordeduras del dragón de Komodo provocaban septicemia en sus víctimas, debido a las bacterias que viven en su boca. Sin embargo, un equipo de investigadores australianos descubrió en 2009 que las glándulas salivares de estos animales segregan un veneno, similar al de algunas serpientes, que dilata los vasos sanguíneos, eleva la tensión arterial y evita la coagulación de la sangre. Esto, unido a las profundas heridas que causan sus decenas de dientes serrados, hace que la víctima se desangre en pocas horas. Así, el dragón de Komodo minimiza el contacto con la presa viva, y es capaz de matar cabras, perros, cerdos, jabalíes, ciervos, búfalos e incluso seres humanos.

Las glándulas venenosas no se habían descubierto antes porque, a diferencia de las serpientes, el veneno no se inyecta a través de hendiduras de los dientes, sino que se libera por orificios situados en la mandíbula, entre los dientes. Ha hecho falta una resonancia magnética de una cabeza de dragón de Komodo conservada en el Museo de Historia Natural de la Universidad Humboldt de Berlín para detectarlas; después, el descubrimiento se ha confirmado con la extracción quirúrgica de las glándulas de un ejemplar moribundo en el Zoo de Singapur y el análisis químico de la saliva.

Los investigadores han comparado además la anatomía de la mandíbula del dragón de Komodo con los fósiles de uno de sus

---

[4] Los cocodrilos no son lagartos; véase *El cocodrilo desubicado* en la página 74.

Dragones de Komodo (Markofjohnson, 2012).

parientes más cercanos, el megalania, un varano de seis o siete metros de longitud que vivió en Australia hasta hace unos cuarenta mil años, y han concluido que este gigante también era venenoso. El megalania (*Varanus priscus*) coincidió posiblemente con los primeros humanos en ese continente, e incluso hay quien dice que aún sobrevive en algunos rincones perdidos de Australia. Resultaría sorprendente que un animal tan enorme pudiera haber pasado desapercibido, aunque no lo es tanto si tenemos en cuenta que el dragón de Komodo no fue descubierto por la ciencia hasta 1910, y que Australia es veinte mil veces más extensa que la isla de Komodo.

Sudor de hipopótamo

Los antiguos creían que los hipopótamos «sudan sangre». Es verdad que estos animales cubren su cuerpo con una secreción rojiza, pero ni es sudor ni es sangre. Unas glándulas especializadas de la piel segregan esa sustancia aceitosa, que al principio es incolora, pero que en pocos minutos se vuelve de color rojo-anaranjado, y más tarde marrón.

La utilidad de esta secreción es triple:

- En primer lugar, repele a los insectos, tan abundantes en las zonas pantanosas donde viven los hipopótamos.
- Además, funciona como filtro solar. Aunque los hipopótamos son animales esencialmente nocturnos, la enorme cantidad de alimento que deben ingerir les obliga a veces a salir a buscar comida durante el día; su piel lampiña, adaptada a la vida en el agua, no les ofrece protección alguna contra los rayos ultravioletas del sol.
- Por último, es un excelente antiséptico y antibiótico. Esto es muy útil para los hipopótamos, ya que son animales muy agresivos que luchan entre sí con mucha frecuencia. Casi todos los hipopótamos salvajes tienen el cuerpo cubierto de heridas y cicatrices; esta secreción evita el crecimiento de hongos y bacterias infecciosas en la piel.

Se han identificado dos pigmentos en la secreción: el ácido hiposudórico, de color rojo, y el ácido norhiposudórico, de color naranja. Todos los hipopótamos, sea cual sea su dieta, producen los pigmentos, así que no los obtienen de los alimentos, sino que son capaces de sintetizarlos por sí mismos.

Ni todas las mariposas son *butterflies*, ni todas las *moths* son polillas

De un tiempo a esta parte se está extendiendo la tendencia a llamar «polillas» a las mariposas nocturnas, por influencia del inglés "*moth*". Pero polilla, según el Pocket Oxford Spanish Dictionary, se dice en inglés "*clothes moth*".

Que en inglés exista una palabra para las mariposas diurnas ("*butterfly*") y otra diferente para las nocturnas ("*moth*") no significa que en español tengamos que hacer lo mismo. En español, todos los lepidópteros son mariposas. Así lo dice el diccionario de la RAE, que define «mariposa» como «Insecto lepidóptero». Simplemente. Las mariposas se dividen en diurnas y nocturnas, que se diferencian fundamentalmente en el grosor del cuerpo y en la forma en que cierran las alas: las diurnas, más delgadas, juntan las alas por encima del cuerpo, mientras que las nocturnas, más gruesas, las pliegan hacia atrás o no las pliegan en absoluto. (A pesar del nombre, no todas las mariposas nocturnas vuelan de noche, pero en fin, nadie es perfecto.)

Una polilla, según el diccionario de la Real Academia, es una «*mariposa nocturna de un centímetro de largo, cenicienta, con una mancha negra en las alas, que son horizontales y estrechas, cabeza amarillenta y antenas casi verticales. Su larva, de unos dos milímetros de longitud, se alimenta de borra y hace una especie de capullo, destruyendo para ello la materia en donde anida, que suele ser de lana, tejidos, pieles, papel, etc*». Eso es una polilla: Una especie de mariposa (nocturna) que se come la ropa; ni más ni menos.

¿Que en español no tenemos una palabra para traducir el inglés "*moth*"? Pues en inglés tampoco tienen una palabra para traducir «mariposa», y no pasa nada. Si quieren hablar de mariposas, dicen "*butterflies and moths*". En inglés, "*butterfly*" significa exclusivamente «mariposa diurna» ("*diurnal insect typically having a slender body with knobbed antennae and broad colorful wings*"), y "*moth*" significa «mariposa nocturna» ("*typically crepuscular or nocturnal insect having a stout body and feathery or hairlike antennae*"). Bueno, también pueden decir "*lepidopteran*", igual que nosotros decimos «lepidóptero». Pero no es una palabra que uno use todos los días. ¿Qué no tenemos una palabra para traducir "*moth*"? Pues decimos «mariposa nocturna», que tampoco es tan difícil.

Adivina quién viene a cenar esta noche

En 1979, la hormiguera de lunares (*Maculinea arion*), una rara mariposa eurasiática que vive en zonas montañosas por debajo de los dos mil metros de altitud, se extinguió en Inglaterra. Han hecho falta más de veinte años de trabajo por parte de un equipo de científicos de la Universidad de Oxford para descubrir las causas de la extinción y reintroducir con éxito la mariposa.

La hormiguera de lunares (Jacob Hübner).

El ciclo de vida de la hormiguera de lunares es bastante curioso. Durante el verano, las hembras ponen los huevos sobre las flores del tomillo o del orégano. Las larvas se alimentan en principio de las flores, frutos y semillas de su planta huésped, pero al cabo de un tiempo se dejan caer al suelo y esperan la llegada de una hormiga roja de la especie *Myrmica sabuleti*. Cuando la hormiga toca a la oruga con las antenas, ésta segrega una sustancia azucarada muy del gusto de la hormiga. Al cabo de un rato, la hormiga recoge a la oruga con sus mandíbulas y la lleva a su hormiguero. Allí, las hormigas siguen ordeñando a la oruga para alimentarse ellas mismas y a sus propias larvas. La oruga de la mariposa, mientras tanto, busca la cámara de cría del hormiguero y comienza a devorar los huevos y las larvas de las hormigas. A primeros de junio del año siguiente, la oruga construye su crisálida a la entrada del hormiguero; dos semanas más tarde, la mariposa sale al exterior, escoltada y defendida por las hormigas hasta que se le secan las alas y puede alzar el vuelo. Durante todo este tiempo, incluso cuando está dentro de la crisálida, la oruga imita el olor y los sonidos de las hormigas; si deja de hacerlo, es devorada por las obreras.

A veces, cuando hay demasiadas orugas en un hormiguero, estas acaban con todos los huevos y larvas de las hormigas, con el resultado de que la colonia de hormigas desaparece y las orugas mueren de hambre. Otras veces, por el contrario, la colonia de hormigas produce varias reinas, que envían a las obreras a devorar a las orugas.

Los investigadores ingleses habían descubierto que la progresiva desaparición de esta mariposa en los años 1970 estaba relacionada con una enfermedad que había diezmado la población de conejos y con el abandono de la ganadería en la región; ambas cosas habían provocado la modificación del medio herbáceo: La hierba crecía más alta, lo que provocó que el suelo se volviera demasiado frío y húmedo para las colonias de hormigas, que huyeron y abandonaron a las mariposas a su suerte.

Para reintroducir con éxito las mariposas, ha hecho falta en primer lugar restaurar el medio herbáceo mediante la introducción de especies herbívoras. Así, las hormigas, necesarias para la reproducción de las mariposas, han vuelto. Además, gracias a la restauración del hábitat de la hormiga y de la mariposa también ha aumentado la población de otras especies de aves e insectos. ¡Qué complicada es la ecología!

Las mariposas más grandes del mundo

Dos especies se disputan el título de mariposa más grande del mundo. Por un lado está la mariposa atlas (*Attacus atlas*), que habita en las selvas del sudeste asiático, desde el sur de China hasta Indonesia; por otro, la mariposa emperador (*Thysania agrippina*), nativa de América, desde México hasta Brasil. Ambas son mariposas nocturnas. Entre las mariposas diurnas, las sigue de cerca la reina Alejandra (*Ornithoptera alexandrae*), de las selvas del extremo oriental de Nueva Guinea.

La mariposa emperador es la de mayor envergadura: hasta treinta y cinco centímetros. Es una mariposa nocturna de la familia de los nóctuidos, como la novia (*Noctua pronuba*), esa mariposa de alas posteriores amarillas con el borde negro que aparece a veces en nuestras casas si vivimos en Europa. La mariposa emperador tiene un vuelo potente, y es fácil confundirla con un murciélago o un pájaro. A menudo se acerca a las casas, atraída por las luces. Ciertas poblaciones supersticiosas le atribuyen mal agüero. Resulta curioso que, a pesar de su amplia área de distribución y de su gran tamaño, no se conoce casi nada de su ciclo vital.

La mariposa emperador (W.F. Kirby).

La mariposa atlas (Tanchoonheong, 2006).

Por su parte, la mariposa atlas es la de mayor superficie alar: más de cuatrocientos centímetros cuadrados. Su envergadura alcanza los treinta centímetros. Pertenece a la familia de los satúrnidos, como el gran pavón de noche (*Saturnia pyri*), que con sus quince centímetros de envergadura es la mariposa más grande de España y de Europa. Las mariposas atlas viven muy pocos días, puesto que carecen de aparato masticador y no pueden alimentarse.

Las hembras, más grandes que los machos, son malas voladoras; cuando emergen de la crisálida, buscan un lugar elevado cercano, desde donde emiten feromonas para atraer a los machos; éstos pueden detectarlas a varios kilómetros de distancia. La mariposa atlas se cría en pequeña escala en la India por su seda, de color café y parecida a la lana; es muy duradera, pero las larvas solo producen hilos cortos. Las crisálidas de esta mariposa se utilizan en Taiwán como monederos.

La reina Alejandra se encuentra en peligro de extinción. Pertenece a la familia de los papiliónidos, como el macaón (*Papilio machaon*) y la chupaleches (*Iphiclides podalirius*), esas llamativas mariposas diurnas europeas de color amarillo y negro. Las hembras de reina Alejandra son más grandes que los machos; sus alas redondeadas, de color marrón con marcas blancas, alcanzan una envergadura de treinta y un centímetros. Los machos no pasan de veinte centímetros de envergadura, pero son mucho más vistosos: sus alas, más alargadas, mezclan el marrón con el azul y el verde, y algunos ejemplares tienen puntos dorados en las alas posteriores. Estas mariposas son buenas voladoras, y están activas sobre todo al amanecer y al atardecer; se alimentan del néctar de las flores que crecen a gran altura en el dosel de la selva. Los machos son muy territoriales, y llegan a expulsar a pequeños pájaros de sus dominios.

Una libélula viajera

Pantala flavescens es una discreta libélula de tamaño medio, con la cabeza amarillenta o rojiza; el cuerpo, peludo, es de color entre amarillo y dorado, a veces pardo o aceitunado, recorrido por una línea oscura. Las alas suelen ser transparentes, con una pequeña mancha amarilla en el extremo del borde delantero, aunque las alas de los machos suelen ser más oscuras que las de las hembras; en algunos ejemplares las alas están completamente teñidas de un color amarillo, pardo o verdoso. Mide hasta 4,5 centímetros de longitud y entre 7,2 y 8,4 centímetros de envergadura. Es la libélula más extendida del planeta; solo está ausente en Europa, el norte de Asia y de África, la mayor parte de Canadá, el oeste de EE.UU., el sur de Chile y Argentina, Tasmania, Nueva Zelanda y la Antártida. En las islas Canarias se la ha observado esporádicamente. Se la encuentra incluso en la isla de Pascua, donde se han observado ejemplares con las alas negras, y fue la primera libélula que colonizó el atolón Bikini después de los ensayos nucleares que se realizaron allí entre los años 1946 y 1958.

Se trata de una especie migratoria que busca lugares húmedos; como todas las libélulas, necesita el agua dulce para reproducirse. Aunque no es muy exigente: Las larvas, de 2,5 centímetros de longitud y de color verde claro con manchas marrones, se desarrollan en un periodo de tiempo muy corto, entre treinta y cinco y sesenta y cinco días, lo que les permite reproducirse en aguas temporales, o incluso en piscinas.

En la India y el sudeste asiático, *Pantala flavescens* se desplaza con los monzones. En latitudes más altas, como en el sur de Australia y en la región de los Grandes Lagos entre Estados Unidos y Canadá, el clima es demasiado frío para invernar, y nuevos migrantes tienen que colonizar cada año esas regiones. En la isla de Pascua, demasiado alejada de cualquier otra tierra, han renunciado a emigrar. Aunque *Pantala flavescens* es una voladora excelente: alcanza una velocidad de cinco metros por segundo, y se la ha registrado hasta una altitud de 6 200 metros, en el Himalaya. Estas libélulas suelen desplazarse en grandes enjambres; en una ocasión se observó una nube de libélulas que cubría treinta y cuatro kilómetros cuadrados.

Hace pocos años, el biólogo marino Charles Anderson descubrió que *Pantala flavescens* es el insecto que realiza la migración más larga, doblando la distancia que recorren las mariposas monarca (*Danaus plexippus*) en América del Norte. Y además lo hace sobre mar abierto, desde la India, a través de las Maldivas, hasta África.

Todos los años, desde octubre hasta diciembre, millones de libélulas llegan en oleadas a las islas Maldivas, donde permanecen unos pocos días. Casi todas pertenecen a la especie *Pantala flavescens*, aunque hay también unas pocas de otras especies. Las observaciones en la India, en las Maldivas y en navíos en alta mar indican que las libélulas se mueven de norte a sur, desde el sur de la India hasta los atolones más meridionales de las

Maldivas. Meses más tarde, entre abril y junio, las libélulas realizan el recorrido inverso. Por sí misma, esta migración ya es sorprendente: Las Maldivas se extienden entre quinientos y mil kilómetros al sur de la India y son islas coralinas desprovistas de agua dulce en superficie. Aparentemente, las libélulas, volando a una altitud de más de mil metros, acompañan el movimiento de la zona de convergencia intertropical, un cinturón de bajas presiones que rodea la Tierra en la zona ecuatorial y que se mueve hacia el sur desde octubre hasta diciembre.

Pero el viaje no termina ahí. En noviembre, las libélulas aparecen en el norte de las Seychelles, a 2 700 kilómetros de la India, y en diciembre llegan al atolón de Aldabra, mil kilómetros más al suroeste. Más tarde, las libélulas se presentan en gran número en el este y el sur de África: en Tanzania y Mozambique entre diciembre y enero, y en Uganda entre marzo y abril, y después en septiembre. La ruta y las fechas coinciden con los vientos que acompañan a la zona de convergencia intertropical; esto sugiere que las libélulas se sirven de esos vientos para migrar desde la India hasta el sur de África, en un viaje de ida y vuelta de más de quince mil kilómetros, al tiempo que aprovechan sucesivamente los monzones de la India y las estaciones lluviosas de África para reproducirse. Pero no son los mismos individuos los que realizan todo el viaje: Al igual que ocurre con las mariposas monarca, hacen falta cuatro generaciones para completar el recorrido.

Desgraciadamente para las libélulas, otros animales también se aprovechan de esos mismos vientos para sus migraciones. Entre ellos hay varias especies de aves insectívoras, como cucos, chotacabras y halcones abejeros; probablemente muchas de ellas se alimenten de las libélulas durante su viaje. Solo las libélulas más fuertes y más rápidas sobrevivirán.

Un estudio genético reciente, publicado en 2016 por científicos de la Universidad Rutgers de Nueva Jersey, sugiere que estos viajes pueden ser aún más largos. La escasa diferencia genética entre las poblaciones de Texas, Canadá oriental, Japón, Corea, India y Sudamérica indica que todas ellas siguen mezclándose en la actualidad, o sea que, de alguna manera, las libélulas viajan entre esos lugares tan distantes.

El cocodrilo desubicado

Desde pequeños nos han enseñado en el colegio que los vertebrados se dividen en cinco grupos: mamíferos, aves, reptiles, anfibios y peces. Aún hoy en día, por lo que veo en los libros de texto escolares que llegan a mis manos, se sigue manteniendo esa clasificación. Pero la taxonomía, la ciencia que se encarga de la clasificación de los seres vivos, ha avanzado mucho en los últimos años.

THE CROCODILE'S FRIEND.

Un pluvial y un cocodrilo (Henry Scherren, 1909).

Actualmente, la taxonomía se basa en el método cladístico, que da más importancia a las relaciones de parentesco evolutivo entre las especies que a sus semejanzas anatómicas superficiales. En este sistema de clasificación, se define el grupo al que pertenecen dos seres vivos cualesquiera como aquel que está formado por el más cercano antepasado común de ambos y todos los descendientes de éste. Por ejemplo, si queremos mantener el grupo tradicional de los reptiles, este debe incluir no solo a las tortugas, lagartos y cocodrilos, sino también a los dinosaurios y a sus descendientes, las aves. Porque resulta que los parientes vivos más cercanos de los cocodrilos no son los lagartos, sino las aves.

De hecho, examinando su árbol evolutivo, los vertebrados terrestres actuales deberían dividirse en cinco o seis grupos separados: anfibios, mamíferos, quizá tortugas (la posición de este grupo en el árbol es dudosa), lepidosaurios (lagartos y serpientes), cocodrilos y aves. Y eso, dejando de lado los peces, que necesitan otros tantos grupos para ellos solos.

¿En qué se basan los científicos para afirmar el parentesco entre aves y cocodrilos? Del estudio de los fósiles y de las especies vivientes, han obtenido una serie de caracteres comunes que los diferencian de los demás vertebrados. Sin entrar en detalles sobre algunas características muy específicas del esqueleto, podemos citar el corazón de cuatro cámaras y la presencia de un talón marcado (que también evolucionaron independientemente en los mamíferos), la división del estómago en dos compartimentos (el primero de ellos, en las aves, es la molleja), la reducción del quinto dedo del pie y la presencia de varias aberturas características y de senos, cavidades llenas de aire, en el cráneo.

La semejanza de los cocodrilos con los lagartos solo es un accidente histórico. De hecho, a lo largo de su historia, el grupo de los cocodrilos ha sido mucho más diverso que hoy en día; entre las especies fósiles hay pequeños cocodrilos bípedos, cocodrilos corredores con pezuñas o ventosas en las patas, o con aspecto de galgo o de coyote, cocodrilos marinos con patas palmeadas y cola aplanada, cocodrilos herbívoros de hocico corto erguidos sobre sus patas, etc. Si hoy en día todos los cocodrilos son grandes lagartos reptantes semiacuáticos es porque, primero los dinosaurios y después los mamíferos, los hemos ido sustituyendo en todas las demás posiciones ecológicas. Y a la inversa, a lo largo de las eras geológicas han existido especies muy semejantes a los actuales cocodrilos, pero que evolutivamente no tenían nada que ver con ellos: el anfibio *Koolasuchus*, el cetáceo primitivo con patas *Ambulocetus*, y varias estirpes independientes de reptiles, como los coristoderios y los fitosaurios. Este fenómeno, llamado evolución convergente, se explica porque la anatomía de los cocodrilos actuales, como la de aquellos otros animales, está perfectamente adaptada a su modo de vida de carnívoros semiacuáticos.

2010, Año Internacional de la Diversidad Biológica

La Asamblea General de las Naciones Unidas declaró el año 2010, Año Internacional de la Diversidad Biológica, ante la preocupante y acelerada pérdida de biodiversidad que sufre nuestro planeta como consecuencia de la actividad humana.

La diversidad biológica es esencial para sustentar la biosfera en su conjunto y los ciclos naturales que nos proporcionan agua, alimento, combustibles, salud... Nosotros mismos formamos parte de la naturaleza, y nuestro destino está ligado a la biodiversidad. El oxígeno de respiramos procede en su mayor parte del plancton de los océanos y de los bosques y selvas de todo el mundo. Muchas de las frutas y verduras que comemos han sido polinizadas por diversos insectos. Muchos medicamentos se obtienen de animales, plantas o microorganismos de algún remoto rincón de nuestro planeta.

Compartimos la Tierra con trece millones de especies, de las que solo conocemos menos de dos millones. Esta riqueza es un tesoro de valor incalculable que debemos preservar. Un tesoro estético y cultural, pero también práctico y económico. La naturaleza ofrece a nuestra civilización unos servicios que sería costosísimo o imposible reemplazar: alimentos, combustibles, fibras textiles, medicamentos, materiales de construcción, purificación del aire y del agua, descomposición de residuos, estabilización del clima, moderación de inundaciones, sequías y vientos, renovación y fertilización de suelos, polinización de cosechas, control de plagas...

En nuestros días, el ritmo de desaparición de especies se ha multiplicado por cien, y va a crecer más. Las pérdidas de biodiversidad son irreversibles, empobrecen la biosfera y reducen su capacidad para resistir a amenazas como el cambio climático. No se trata solo de las ballenas, los pandas, los tigres... Se calcula que treinta y cuatro mil especies vegetales y cinco mil doscientas animales están amenazadas. Además, la globalización de la agricultura y la ganadería se está centrando en muy pocas variedades; el 30 % de las razas de ganado puede desaparecer en pocos años. Y aún más grave es la fragmentación, degradación y desaparición de ecosistemas completos: bosques, humedales, arrecifes de coral... En los últimos cien años han desaparecido la mitad de los manglares y el 45 % de los bosques originales de todo el mundo, y su extensión sigue disminuyendo. El 10 % de los arrecifes de coral ha desaparecido, y la tercera parte de lo que queda se enfrenta al colapso en las próximas décadas.

El cambio climático ya está afectando a la biodiversidad. Un incremento de solo un grado en la temperatura media del planeta pondría a muchas especies al borde de la extinción, y dañaría gravemente los sistemas de producción de alimentos. Los desastres naturales, como inundaciones, sequías y huracanes, que ya cuestan enormes sumas de dinero, van a aumentar debido tanto al cambio climático como a la deforestación.

Tenemos que actuar. Debemos exigir a nuestros gobiernos que regulen la explotación de los recursos naturales de manera sostenible y que protejan la biodiversidad. Pero además, como ciudadanos, nuestras decisiones individuales, nuestro estilo de vida, nuestros patrones de consumo, nuestras elecciones políticas tienen un peso importante en el futuro de nuestro planeta.

La Diversidad Biológica es Vida. La Diversidad Biológica es Nuestra Vida.

Los primeros animales que no respiran oxígeno

En el fondo del mar Mediterráneo existen seis cuencas anóxicas hipersalinas, lagos submarinos con una concentración tan alta de sal que sus aguas no se mezclan con las aguas ricas en oxígeno que los cubren. Son testigos de la desecación del Mediterráneo que ocurrió hace cinco millones y medio de años[5].

---

[5] Véase *La inundación del Mediterráneo*, página 120.

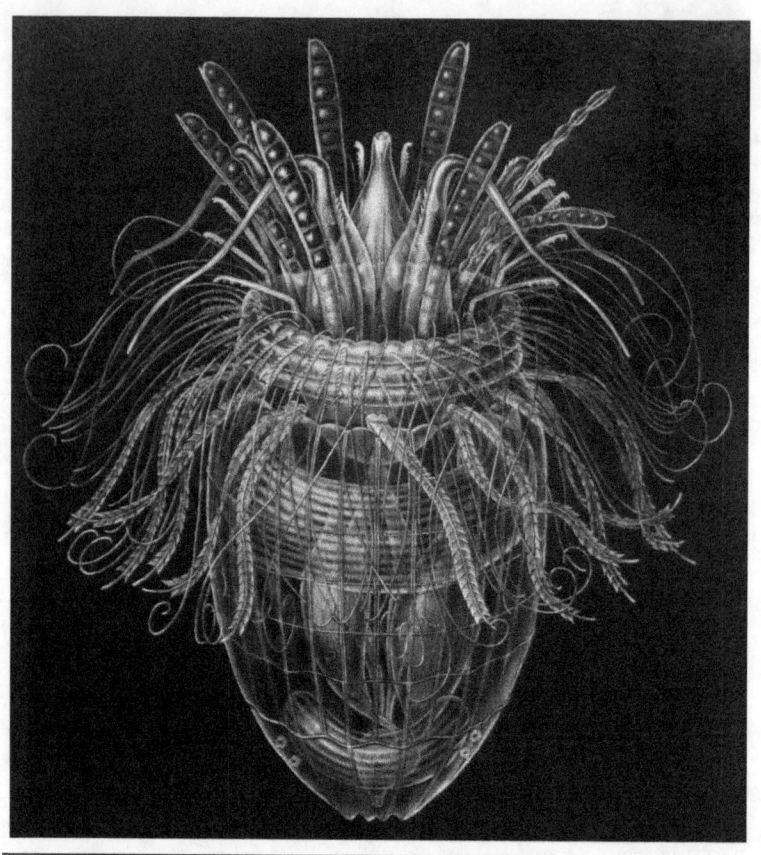

Un loricífero (NASA)

En los sedimentos acumulados bajo esas cuencas, ricos en sulfuro de hidrógeno, tampoco hay oxígeno, y hasta ahora se creía que solo estaban habitados por virus y organismos unicelulares. Pero tres expediciones realizadas por un equipo de científicos italianos y daneses a una de esas cuencas, llamada L'Atalante, situada a 192 kilómetros al oeste de Creta, han descubierto que en esos sedimentos completamente privados de oxígeno viven tres especies de animales pluricelulares. Se trata de loricíferos, un grupo de animales hermafroditas de menos de un milímetro de longitud que viven en los sedimentos del fondo del mar y que no fueron descubiertos hasta la segunda mitad del siglo XX. Las células de estas nuevas especies carecen de mitocondrias, los orgánulos encargados de la respiración aeróbica; en su lugar tienen hidrogenosomas, unos orgánulos productores de hidrógeno, presentes en ciertos microorganismos anaerobios, que probablemente evolucionaron a partir de las mitocondrias. Son los primeros animales conocidos que no necesitan oxígeno para vivir.

Una «nueva» especie de rinoceronte africano

Existen dos poblaciones diferentes de rinoceronte blanco, que hasta hace poco se consideraban subespecies: el rinoceronte blanco meridional, que en tiempos históricos se extendía por Zimbabue, Botsuana, el sur de Angola y Zambia, el centro y sur de Mozambique y el norte de Namibia y Sudáfrica; y el rinoceronte blanco septentrional, en el este de la República Centroafricana, el nordeste de la República Democrática del Congo, el noroeste de Uganda y el suroeste de Sudán, aunque en la antigüedad se lo podía encontrar incluso en el valle del Nilo. Pero recientes estudios de ADN realizados por un equipo internacional de científicos[6] indican que se trata de dos especies diferentes, separadas desde hace alrededor de un millón de años.

Las diferencias anatómicas entre ambas especies ya se conocían. El rinoceronte blanco meridional (*Ceratotherium simum*) es más grande que el septentrional (*Ceratotherium cottoni*); los machos adultos de la primera especie pesan entre dos mil y dos mil cuatrocientos kilos, mientras que los de la segunda solo alcanzan entre mil cuatrocientos y mil seiscientos kilos. Además, el lomo de los rinocerontes septentrionales es plano, mientras que el de los meridionales es cóncavo, con una joroba más prominente entre los hombros. Las dos especies también difieren en la forma del cráneo y en el tamaño de los dientes, más grandes en la especie meridional.

La mala noticia es que este reconocimiento como especie distinta ha llegado tarde: Desde 2011, la Unión Internacional para la Conservación de la Naturaleza considera al rinoceronte blanco septentrional se encuentra en peligro crítico de extinción,

---

[6] Groves CP, Fernando P, Robovský J (2010) *The Sixth Rhino: A Taxonomic Re-Assessment of the Critically Endangered Northern White Rhinoceros*. PLoS ONE 5(4): e9703. doi:10.1371/journal.pone.0009703

y posiblemente extinto en estado silvestre. Desde 2009 no se ha observado ningún rinoceronte en su área de distribución. Solo sobrevivían unos pocos ejemplares en zoológicos, pero la reproducción de la especie en cautividad es muy difícil. En 2009, cuatro ejemplares procedentes del Zoológico de Dvůr Králové, en la República Checa, dos machos y dos hembras, llegaron a la reserva de Ol Pejeta, en el centro de Kenia, en un intento de reintroducir la especie en su medio natural. Pero no se ha conseguido que se reproduzcan, y en 2015 se determinó que las hembras ya no eran fértiles. Los dos últimos ejemplares que quedaban en cautividad, una hembra en el Zoo de San Diego (EE.UU.) y otra en el de Dvůr Králové, murieron ese mismo año.

Un rinoceronte blanco septentrional en el zoo de San Diego (Sheep81).

La única esperanza es la posibilidad, en el futuro, de recuperar la especie a partir de los óvulos y del esperma congelado que se conserva.

El origen del sexo

Los seres vivos emplean métodos muy variados para reproducirse, pero todos ellos pueden clasificarse en dos categorías:

reproducción sexual y reproducción asexual. En la reproducción asexual cualquier individuo puede producir por sí mismo nuevos individuos, que serán genéticamente idénticos al progenitor. Por el contrario, la reproducción sexual implica la producción y fusión de células sexuales procedentes de dos progenitores para la generación de un nuevo individuo con características genéticas propias, procedentes de la recombinación de los genes de los padres.

La reproducción asexual es más eficiente que la asexual: no requiere producción de células sexuales, ni búsqueda de pareja, cortejo, fecundación...; en igualdad de condiciones produce el doble de descendientes, ya que cada individuo se reproduce por sí mismo, mientras que para la reproducción sexual hacen falta dos. Sin embargo, tiene la desventaja de que un cambio en el medio (un tóxico, un parásito, una enfermedad) puede eliminar una población entera; todos los individuos, genéticamente idénticos, serán igualmente susceptibles a ese cambio. La reproducción sexual, por el contrario, mezcla los genes y mantiene una variabilidad que permite que algunos individuos presenten características genéticas que les permitan adaptarse a los cambios.

Dejando de lado las bacterias, la inmensa mayoría de los seres vivos recurre a la reproducción sexual. Su capacidad para crear variabilidad genética compensa con creces su menor eficiencia. Aunque las especies asexuales son más eficientes en la colonización de nuevos territorios, son también más susceptibles a los parásitos, ya que éstos, que se reproducen sexualmente, evolucionan con más velocidad para explotar las debilidades de sus huéspedes; a la larga, son las especies sexuales las que sobreviven. Además, la recombinación de genes entre los cromosomas que se opera en la reproducción sexual permite a los seres vivos librarse con más facilidad de las mutaciones dañinas; los organismos que se reproducen asexualmente acumulan en su genoma muchas más mutaciones dañinas que los que se reproducen sexualmente.

Está claro que la reproducción sexual, más ventajosa que la asexual, es el resultado de la carrera de armamentos de la evolución. Lo que aún no se sabe es cómo apareció. ¿Cómo se pasó de la simple división celular al complejo mecanismo sexual, que requiere la generación de gametos con la mitad de cromosomas y su posterior fusión para producir un nuevo individuo con el número de cromosomas original? ¿Cómo aparecieron los dos sexos, masculino y femenino, a partir de especies asexuales, en las que todos los individuos eran iguales? Parece que la aparición de la reproducción sexual está ligada a la de la célula eucariota diploide, en la que el material genético está duplicado y se encuentra confinado en un núcleo. Pero tampoco se conoce con certeza el origen de la célula eucariota. Se han propuesto varias teorías, que en general recurren a la fusión de diferentes microorganismos más sencillos: fusión de un organismo con el ADN dañado con otro semejante para reparar los genes del primero; infección de un organismo por un virus, que se convirtió en el núcleo celular y tomó el control de la reproducción; canibalismo incompleto, con incorporación del genoma de la presa al depredador... ¡Qué origen tan prosaico para algo tan sublime!

Vampyroteuthis infernalis, ni pulpo ni calamar

En 1903, el biólogo alemán Carl Chun, en un viaje de exploración de los fondos marinos a bordo del *Valdavia*, pescó en el golfo de Guinea, a una profundidad de mil cuatrocientos metros, un extraño cefalópodo gelatinoso, de color rojizo, pico blanco y grandes ojos rojos (aunque en su medio natural son de color azulado), con dos pequeñas aletas, y con los tentáculos unidos por una membrana de color púrpura negruzco en su interior, al que por su aspecto bautizó con el nombre de *Vampyroteuthis infernalis*, «el calamar-vampiro infernal».

Vampyroteuthis infernalis es tan diferente de los demás cefalópodos que se clasifica en su propio orden, el de los vampiromorfos, del que es el único representante viviente. Las hembras, que son más grandes que los machos, pueden alcanzar unos cuarenta centímetros de longitud, de los que más de veinticinco corresponden a los ocho tentáculos, que están equipados con ventosas en su mitad distal y con dos filas de cortos filamentos carnosos llamados cirros. Además, *Vampyroteuthis* tiene dos filamentos sensoriales retráctiles situados entre el primer par de tentáculos, que pueden alcanzar hasta un metro de longitud, y que, desplegados alternativamente, le sirven para detectar movimientos en el agua; cuando no los usa, se recogen en unos sacos situados en la membrana entre los tentáculos. Los ojos de *Vampyroteuthis infernalis*, en proporción con su tamaño, son los más grandes del reino animal; llegan a medir hasta dos centímetros y medio de diámetro.

En la base de las aletas, *Vampyroteuthis* dispone de dos grandes órganos luminiscentes circulares de intensidad variable que puede abrir y cerrar a voluntad; también tiene órganos luminosos más pequeños en el cuerpo y a lo largo de los tentáculos. Gracias a ellos, es capaz de compensar la sombra que arroja con la escasa luz que llega desde la superficie del océano y así, volverse prácticamente invisible. Además, puede expulsar desde el extremo de los tentáculos una nube de partículas mucosas luminiscentes para despistar a los depredadores; esas nubes luminosas, de color azulado, pueden brillar durante diez minutos. Sin embargo, *Vampyroteuthis* carece de tinta, que sería inútil en la oscuridad perpetua de las profundidades marinas, y sus cromatóforos, los órganos que permiten a los cefalópodos cambiar de color, están muy poco desarrollados. Si se siente amenazado y no puede huir, vuelve del revés la membrana de los tentáculos para esconder su cuerpo, y se convierte en una bola de aspecto espinoso.

Vampyroteuthis infernalis tiene la consistencia gelatinosa de una medusa, y habita en todos los mares tropicales y templados del mundo, entre los seiscientos y los mil quinientos metros de profundidad, donde la temperatura varía entre 2 y 6 °C; es el único cefalópodo capaz de sobrevivir en esas condiciones. Como el agua en esa zona es muy pobre en oxígeno, las branquias de *Vampyroteuthis* tienen una gran superficie; además, su metabolismo es bastante bajo; se alimenta de pequeños animales del plancton, como medusas, crustáceos y diatomeas; y, a su vez, forma parte de la dieta de varias especies de peces, pinnípedos y cetáceos.

A pesar de su bajo metabolismo, *Vampyroteuthis* es un nadador bastante rápido en cortas distancias, hasta unos pocos metros; los músculos de las aletas son los más grandes del cuerpo, y puede obtener un impulso adicional con los chorros que lanza con el sifón. Alcanza una velocidad punta de hasta dos cuerpos por segundo y es capaz de hacer quiebros bruscos para huir de sus depredadores. Pero normalmente se mantiene inerte, flotando horizontalmente. Cuando detecta una presa con sus filamentos sensoriales, se acerca dando un rodeo con impulsos de sus aletas y la envuelve con la membrana que une sus tentáculos.

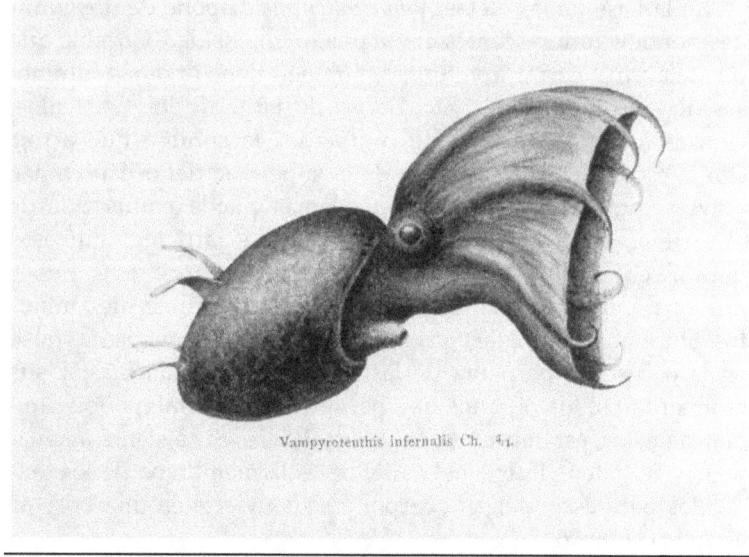

Vampyroteuthis infernalis (Carl Chun, 1903)

Para reproducirse, el macho transfiere el esperma a la hembra mediante un pene que normalmente está oculto en el sifón. La hembra almacena los paquetes de esperma, llamados espermatóforos, en unos conductos situados bajo los ojos antes de fertilizar los huevos. Una vez fecundados éstos, puede mantenerlos hasta un año en los oviductos, hasta que los descarga en el agua en pequeños racimos. Se cree que la hembra muere poco después del desove, como ocurre en la mayoría de los cefalópodos.

Los huevos fertilizados tienen un diámetro de tres a cuatro milímetros. Cuando eclosionan, los recién nacidos son transparentes, y se alimentan de las reservas del huevo, que guardan en su interior. Miden unos ocho milímetros y son bastante diferentes de los adultos: la cabeza no está fusionada con el manto, ni los tentáculos unidos por una membrana; viven a mayor profundidad que los adultos, y solo cuentan con el sifón para desplazarse; las aletas de las crías son pequeñas y se sitúan en el extremo del manto. Cuando éste alcanza una longitud de unos dos centímetros, esas aletas comienzan a reabsorberse, a la vez que empieza a crecer un segundo par de aletas situadas más cerca de los tentáculos, las que serán las aletas definitivas del adulto. Así, durante un tiempo, el joven *Vampyroteuthis* tiene dos pares de aletas.

Huelga de hormigas

En la naturaleza es bastante frecuente el establecimiento de relaciones entre organismos de diferentes especies; es lo que se llama simbiosis. Estas relaciones siempre son beneficiosas para una de las especies involucradas pero, al igual que en nuestra sociedad, pueden ser beneficiosas, neutras o perjudiciales para la otra. En el primer caso reciben el nombre de mutualismo, en el segundo se llaman comensalismo y en el último se califican de parasitismo.

Una interesante relación de mutualismo es la que han establecido las hormigas de la especie *Crematogaster mimosae* con las acacias espinosas *Acacia drepanolobium* en las que viven. Estas acacias son árboles de hasta seis metros de altura, cubiertos de largas espinas con la base bulbosa y hueca, abundantes en las sabanas arboladas de las tierras altas del África Oriental.

Las hormigas protegen a la acacia de dos maneras: devoran las larvas de los insectos parásitos de la madera y mantienen alejados a los grandes herbívoros, como jirafas y elefantes, picando en la cara a los que se atreven a acercarse para alimentarse de las hojas del árbol. A cambio, la acacia proporciona a las hormigas alimento, en forma de néctar azucarado que segregan unas glándulas especiales situadas en la base de las hojas, y alojamiento en sus espinas huecas, donde las hormigas construyen sus hormigueros. Un árbol sano tiene centenares de espinas y puede albergar hasta cien mil hormigas.

¿Pero qué pasa cuando no hay herbívoros que traten de comerse las hojas de la acacia? Según la acacia, llega el momento de apretarse el cinturón (el de las hormigas, claro). Como cree que ya no las necesita, la acacia decide que las hormigas están demasiado bien pagadas, y disminuye la producción de espinas y de néctar. Las hormigas, por su parte, se ponen en huelga. Dos tercios se marchan. Las que se quedan, dejan de comerse a los parásitos y, peor aún, se dedican a criar cochinillas, que se alimentan de la savia de la acacia.

Con la huida de las hormigas y la proliferación de los parásitos, la acacia es invadida por otras especies de hormiga menos colaboradoras: *Crematogaster sjostedti*, que construye su hormiguero en las galerías excavadas en la madera por los parásitos, *Crematogaster nigriceps*, que ocupa las espinas huecas que han quedado libres por la huida de las *Crematogaster mimosae*, y *Tetraponera penzigi*, que aprovecha la confusión para comerse las glándulas productoras de néctar y así empeorar las condiciones de vida de sus competidoras. Las *Crematogaster nigriceps*, como las *mimosae*, se alimentan de las larvas de los parásitos, pero además devoran los brotes horizontales de la acacia; así, los árboles quedan aislados unos de otros y las hormigas ya no pueden desplazarse entre ellos. Las últimas *Crematogaster mimosae* se marchan y se desata la guerra entre las especies restantes. Las *Crematogaster sjostedti*, más belicosas, suelen ser las vencedoras, y las acacias, desprotegidas contra los herbívoros y los parásitos, mueren. Son los imprevisibles resultados que sobrevienen cuando se altera el delicado equilibrio ecológico.

Los elefantes de Tarzán...

Hace poco he vuelto a ver una de aquellas viejas películas de Tarzán, el auténtico Tarzán, Johnny Weissmuller. Siempre que veo esas películas me llama la atención el rudimentario disfraz que llevan los elefantes: orejas de goma, colmillos postizos... ¿Por qué habría que disfrazar a los elefantes en una película de Tarzán? Pues porque son elefantes asiáticos que se pretende hacer pasar por elefantes africanos. Y hay que agradecer el esfuerzo, pues en otras películas más modernas se muestra sin rubor a Tarzán montado en un elefante asiático sin disfrazar.

Hay muchas diferencias entre elefantes asiáticos y africanos, y algunas saltan a la vista. La primera es el tamaño; los elefantes africanos son en promedio más grandes que los asiáticos, aunque esto no resulta un problema para las películas de Tarzán, puesto que Tarzán vive en la selva, y los elefantes africanos de selva son más pequeños que los de sabana, y de un tamaño más similar al de los elefantes asiáticos (o incluso algo más pequeños). La forma más fácil de diferenciar un elefante africano de uno asiático son las orejas; en los primeros son de forma triangular y cubren los hombros del animal, mientras que en los segundos son más redondeadas y bastante más pequeñas. Por eso, los elefantes que aparecen en esas películas de Tarzán llevan orejas postizas, que son claramente identificables por su excesiva rigidez; los animales nunca las agitan, como suelen hacer los elefantes con sus orejas verdaderas, sino que las mantienen pegadas al cuerpo. Algunos elefantes también llevan colmillos falsos, ya que tanto los machos como las hembras del elefante africano los tienen, mientras que las hembras del elefante asiático (e incluso algunos machos) suelen carecer de ellos; se nota que los colmillos son postizos porque no están sujetos rígidamente a la mandíbula del animal y se bambolean cuando éste corre. Hay otras diferencias más sutiles: la frente del elefante indio es más abombada, la espalda más arqueada y la cola más larga; tiene cuatro dedos en las patas traseras, cinco en las delanteras, y solo un lóbulo, o dedo, en el extremo de la trompa, mientras que el elefante africano tiene dos lóbulos en la trompa, tres dedos en las patas traseras, y cuatro o cinco en las delanteras.

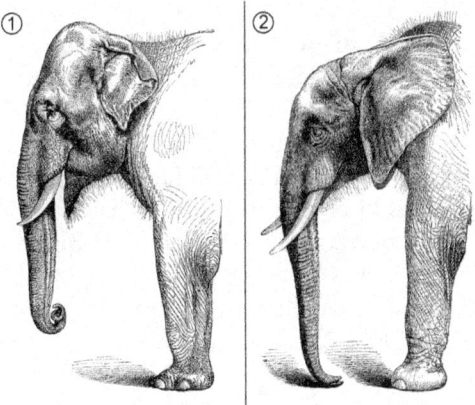

Elefante asiático (1) y elefante africano (2)
(Meyers Konversationslexikon, 1885-1890)

Alguien puede preguntarse qué necesidad hay de complicarse tanto la vida, cuando hay elefantes africanos a disposición. Sí, es cierto, hay elefantes africanos (bien es verdad que cada vez menos), pero resulta que son más difíciles de domar. Algunas fuentes llegan a afirmar que es imposible domar un elefante africano, pero esto no es cierto: En algunos países del África meridional se realizan safaris a lomos de elefantes africanos. Aunque ni éstos, ni los elefantes asiáticos que se emplean para diversos trabajos en muchos países de Asia, ni los elefantes de los circos, también asiáticos, están realmente domesticados. Los elefantes no se crían en cautividad, sino que se capturan en estado salvaje y se doman. Sería demasiado costoso alimentar a las crías hasta que alcancen una edad útil para el trabajo.

"[...] por animal domesticado entendemos un animal criado selectivamente en cautividad y, por tanto, modificado a partir de sus antepasados salvajes [...]"
Jared Diamond, *Armas, gérmenes y acero.*

...y los elefantes de Aníbal

Durante la Segunda Guerra Púnica, a finales del siglo III a.c., el ejército cartaginés de Aníbal marchó sobre Roma con treinta y siete elefantes de guerra. El imperio cartaginés llegó a extenderse por gran parte del Mediterráneo, pero el elefante africano solo se encuentra al sur del Sahara, mientras que el asiático se extiende por el sudeste asiático desde la India hasta Borneo. ¿De dónde sacó Aníbal sus elefantes?

Hace siglos, las áreas de distribución de ambos elefantes eran mucho más amplias que en la actualidad. Los elefantes africanos se extendían por todo el continente, y los asiáticos llegaban por el oeste hasta la costa del golfo Pérsico y Turquía. Al reducirse estas áreas, varias subespecies se han extinguido, algunas muy curiosas, como el elefante chino, una variedad de elefante asiático que vivió en China hasta el siglo XV y que se caracterizaba por su piel oscura y sus colmillos de color rosado.

Los indios, persas y macedonios, entre otras civilizaciones, emplearon elefantes asiáticos para la guerra. Pero en el caso de Aníbal, los frescos y monedas cartagineses de la época representan elefantes pequeños, de no más de dos metros y medio de altura, con las grandes orejas y el lomo cóncavo característicos de los elefantes africanos. Estos elefantes se han clasificado tradicionalmente como *Loxodonta africana pharaoensis*, una subespecie, hoy extinta, del elefante africano, probablemente más dócil que los elefantes africanos actuales, que vivía al norte del Sahara desde el Atlas hasta Etiopía. El elefante norteafricano se extinguió hacia el siglo VI d.C., aunque es posible que sobreviviera en las costas de Sudán y Eritrea hasta mediados del siglo XIX.

Esta clasificación se hizo cuando se pensaba que todos los elefantes africanos pertenecían a la misma especie. Sin embargo, hace pocos años se ha mostrado que existen suficientes diferencias anatómicas y genéticas entre los elefantes africanos de sabana y los de selva para considerarlos dos especies diferentes, *Loxodonta africana* y *Loxodonta cyclotis* respectivamente. Parece que los elefantes norteafricanos estaban más emparentados con los elefantes de selva que con los de sabana, por lo que probablemente eran una subespecie de aquellos, *Loxodonta cyclotis pharaoensis*, o quizá constituían una especie diferente, *Loxodonta pharaoensis*. No lo sabemos. Desgraciadamente, nunca se han realizado pruebas de ADN para validar alguna de estas hipótesis.

Para complicar aún más la situación, En el 7º Simposio Internacional de Arqueología Biomolecular celebrado en Oxford el 15 de septiembre de 2016, un equipo de genetistas de la Harvard Medical School de Boston (EE.UU.) y la Universidad de Potsdam (Alemania) presentó un estudio basado en el genoma de dos individuos de la especie *Palaeoloxodon antiquus*, un elefante fósil que vivió en Europa en el Pleistoceno, que ha puesto la clasificación de los elefantes patas arriba. Según este estudio, estos elefantes fósiles no son parientes próximos de los elefantes asiáticos, como se creía hasta ahora, sino de los africanos. Y lo que es más sorprendente, están más estrechamente emparentados con el elefante de selva que con el de sabana, lo que significa que el género *Loxodonta* no está correctamente definido. Según las reglas de nomenclatura zoológica, o bien hay que incluir el género *Palaeoloxodon* en *Loxodonta*, y la especie extinta pasaría a llamarse *Loxodonta antiqua* (no *Loxodonta antiquus*, puesto que *Loxodonta* es femenino); o bien el elefante de selva pasa a formar parte del género *Palaeoloxodon* (*Palaeoloxodon cyclotis*). Habrá que esperar a que los expertos se pronuncien y que otros estudios confirmen o desmientan estos resultados para saber en qué lugar queda el elefante norteafricano.

Fuera cual fuese su posición en el árbol evolutivo de los proboscídeos, los elefantes de guerra cartagineses eran elefantes africanos. Sin embargo, el elefante que montaba el propio Aníbal no lo era. Era un ejemplar mucho más grande, llamado «Surus», que posiblemente significa «el sirio». Surus debía de ser descendiente de los elefantes asiáticos que los Ptolomeos de Egipto, sucesores de Alejandro Magno, se habían apropiado como botín de guerra tras sus campañas en Siria. Los elefantes sirios (*Elephas maximus asurus*) eran una subespecie de gran talla del elefante asiático, más grandes que los mayores elefantes asiáticos existentes en la actualidad. Superaban los tres metros y medio de altura, y se extendían por Turquía, Siria e Iraq. Se extinguieron hacia el año 100 d.C. debido a la caza excesiva a la que fueron sometidos para la obtención de marfil. Lo mismo que va a pasar con los elefantes africanos como no pongamos remedio.

El rinoceronte más grande

Uno de los datos que proporcionan las estadísticas de Blogger es el de las búsquedas de Google que con más frecuencia conducen a los lectores hacia el *blog*. Generalmente se trata de temas que ya han sido tratados, como es lógico, pero a veces, por una curiosa asociación de palabras, llegan a *El neutrino* preguntas que se quedan sin respuesta. Vamos a responder a una de ellas: ¿Cuál es la especie más grande de rinoceronte?

Casi todas las fuentes se decantan por el rinoceronte blanco. Sin embargo, todo depende de lo que se considere «grande». El rinoceronte blanco es el más pesado, pero el rinoceronte indio lo supera en altura. La definición del diccionario de la Real Academia («*Que supera en tamaño, importancia, dotes, intensidad, etc., a lo común y regular.*») es muy vaga: Aunque cita el tamaño, el «etc.» deja la puerta abierta a otras interpretaciones. Más concreta es la definición del María Moliner: «*Se aplica a las cosas que ocupan mucho espacio o superficie.*» Tratándose de espacio, parece más correcto ordenar las cinco (o seis[7]) especies de rinoceronte existentes en la actualidad por su altura y longitud.

El más pequeño, sin duda, es el rinoceronte de Sumatra (*Dicerorhinus sumatrensis*), con una longitud de 2,5 metros, una altura en la cruz de 1,2 a 1,45 metros, y un peso de quinientos a ocho-

---

[7] Véase *Una «nueva» especie de rinoceronte africano*, página 79.

cientos kilos. De los dos cuernos que posee, el más largo es el delantero, con una longitud típica de entre quince y veinticinco centímetros, aunque la mayor longitud registrada ha sido de ochenta y un centímetros.

Rinocerontes de Sumatra
(Wolf, 1872).

El rinoceronte de Java (*Rhinoceros sondaicus*) pesa entre novecientos y dos mil trescientos kilos y mide de 3,1 a 3,2 metros de longitud y de 1,4 a 1,7 metros de altura. Su único cuerno puede alcanzar hasta veintisiete centímetros, aunque en general suele medir menos de veinte.

Rinoceronte de Java
(Horsfield, 1824)

El rinoceronte negro (*Diceros bicornis*), tiene la misma altura que el rinoceronte de Java, pero lo supera en longitud: Mide entre 3,3 y 3,6 metros. Sin embargo, es más ligero; su peso varía entre ochocientos y mil cuatrocientos kilos. El cuerno delantero, el más largo de los dos, suele medir alrededor de cincuenta centímetros, pero puede alcanzar hasta 1,5 metros.

Rinoceronte negro (J. Wolf, 1911)

Rinoceronte blanco (Mariana Ruiz Villarreal, 2007)

El rinoceronte blanco (*Ceratotherium simum*), como hemos dicho, es el más pesado: de 1440 a 3600 kilos. Su longitud varía entre 3,4 y 4,2 metros y su altura en la cruz entre 1,5 y 1,9 metros. El cuerno delantero, el más largo, puede alcanzar hasta metro y medio de longitud, aunque la longitud media es de noventa centímetros.

Rinoceronte indio (Richard Lydekker, 1893-96)

Y, por último, el rinoceronte indio (*Rhinoceros unicornis*) tiene una altura en la cruz de entre 1,7 y 2 metros, y una longitud de hasta cuatro metros. Su peso varía entre mil seiscientos y tres mil kilos. Su cuerno, de unos veinticinco centímetros de longitud en promedio, puede alcanzar hasta cincuenta y siete centímetros.

Rinoceronte lanudo (Charles R. Knight, 1916)

Si incluimos en la comparación las especies extintas, aquí en Europa tuvimos durante el Pleistoceno una especie mayor que todas las actuales, el rinoceronte lanudo (*Coelodonta antiquitatis*), que curiosamente está estrechamente emparentado con el rinoceronte de Sumatra. Con una altura en la cruz de dos metros y hasta 4,4 metros de longitud, su cuerno delantero medía alrededor de un metro.

Pero el récord absoluto lo tiene el elasmoterio siberiano (*Elasmotherium sibiricum*), un rinoceronte asiático del Pleistoceno de 2,7 metros de altura y seis metros de longitud, con un único cuerno de dos metros[8]. Su peso se ha estimado en siete toneladas. Sin embargo, a pesar de su tamaño y su peso, sus patas eran proporcionalmente más largas que las de otros rinocerontes, y probablemente era un corredor rápido.

Elasmoterio (Heinrich Harder, 1908)

---

[8] E incluso el elasmoterio se quedaba pequeño ante su pariente el paraceraterio, el mayor mamífero que ha pisado la tierra. Véase *¿Cómo llegaron a ser tan enormes los dinosaurios?*, página 99.

PALEONTOLOGÍA

La evolución de la mano y la evolución de la inteligencia

¿Existe alguna relación entre la inteligencia y la capacidad humana de hacer pinza con los dedos de la mano? La cosa no es tan sencilla. También los monos pueden hacer pinza con la mano (y con el pie). Sin embargo, mientras que en los demás primates, arborícolas, la función principal de la pinza es agarrarse a las ramas de los árboles, en el hombre, una vez establecida la postura bípeda, las manos quedaron libres, y su función principal a partir de entonces fue la de coger cosas. No hay una relación causa-efecto entre esas dos cualidades; en el caso del ser humano, ambas son más bien consecuencias de nuestra postura bípeda.

Todo comenzó hace unos seis o siete millones de años, cuando una progresiva desecación provocó la aparición de extensas sabanas en detrimento de las selvas. Algunos primates arborícolas comenzaron a aventurarse en este nuevo medio y a adaptarse a él. Para ello, adoptaron la postura bípeda que, en las cálidas sabanas de África, ofrece varias ventajas:

* permite otear el horizonte por encima de la vegetación herbácea en busca de árboles o depredadores;
* permite transportar cosas con las manos, como comida, piedras, palos, crías...; los dedos, liberados de la función locomotora pudieron hacerse gradualmente más precisos y delicados, lo que posibilitó también la fabricación de utensilios;
* es más lenta que la marcha cuadrúpeda, pero es menos costosa, lo que permite recorrer largas distancias en un hábitat más pobre en recursos que la selva;
* expone menos superficie al sol y permite aprovechar la brisa, lo que ayuda a no recalentar el cuerpo y ahorrar agua.

¿Por qué no hay más mamíferos bípedos en las sabanas? Porque ningún otro partía de una anatomía arborícola con cuatro manos.

De los cambios anatómicos necesarios para conseguir la postura bípeda, dos son muy importantes para el desarrollo del cerebro humano:

En primer lugar, el desplazamiento del *foramen magnum*, el orificio que conecta el cráneo con la columna vertebral, desde la parte posterior de la cabeza hasta la base del cráneo, lo que dejó vía libre al posterior crecimiento de la bóveda craneana mediante su abombamiento.

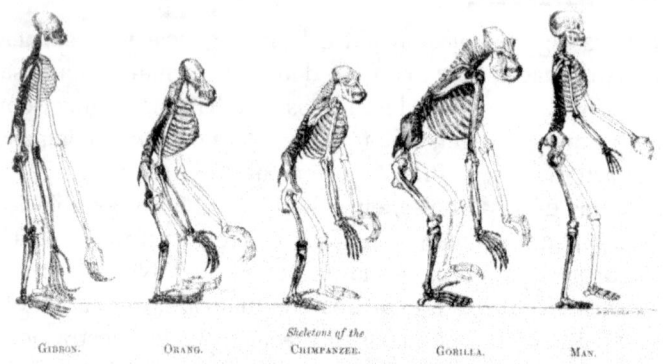

GIBBON.   ORANG.   *Skeletons of the* CHIMPANZEE.   GORILLA.   MAN.

Photographically reduced from Diagrams of the natural size (except that of the Gibbon, which was twice as large as nature),
drawn by Mr. Waterhouse Hawkins from specimens in the Museum of the Royal College of Surgeons.

Comparación de los esqueletos de varios primates hominoideos
(Benjamin Waterhouse Hawkins, 1863).

Pero mucho más importante es el segundo cambio: la rotación y ensanchamiento de la pelvis, necesarios para soportar el peso de los órganos abdominales, que provocaron el alargamiento y la incurvación del canal del parto, con el consiguiente incremento de la dificultad del alumbramiento. Esto se compensó en parte con el alumbramiento prematuro de las crías. El neonato humano está muy poco desarrollado en el momento del parto, y durante sus primeros años de vida está totalmente desvalido. Su volumen cerebral no supera el 25 % del de un adulto, frente al 65 % de un chimpancé. El cerebro humano sigue creciendo después del parto, sin quedar limitado su tamaño por los condicionantes anatómicos del mismo. Este fenómeno de retraso en el desarrollo, llamado neotenia, explica también otras características de la cabeza humana, como la debilidad de las mandíbulas, la altura de la frente y el rostro aplanado, más semejantes al aspecto de una cría de chimpancé que a un chimpancé adulto.

Todas esas características combinadas convirtieron a los primeros humanos en unos seres débiles, prácticamente inermes.

Para sobrevivir, tuvieron que compensar esos ridículos dientecillos y esas manos tan delicadas con un aumento de los vínculos sociales y con la fabricación de armas y herramientas, es decir, desarrollando su inteligencia al máximo. Así que, en el fondo, la razón de que seamos tan inteligentes, modestia aparte, es que somos como niños.

Los diplodocus no hacían pilates

Cuando los paleontólogos descubrieron los primeros saurópodos, los grandes dinosaurios de cuello largo como el *Diplodocus* y el brontosaurio, con más sensatez que rigor científico recurrieron a los animales vivientes de cuello largo, como la jirafa y el cisne, como modelos para la reconstrucción del aspecto de aquellos extintos gigantes. Así pues, representaban a los dinosaurios con el cuello arqueado hacia arriba, casi vertical. Sin embargo, en muchos casos los fósiles se montaban en los museos en posición horizontal, por problemas de espacio.

Dibujo de 1905 de una pareja de diplodocus (Mary Woodward).

Más tarde, los paleontólogos se inclinaron por la llamada posición osteológicamente neutra, que resulta de ensamblar las vértebras y el cráneo de manera que las sucesivas apófisis, los salientes mediante los que las vértebras se articulan unas con otras, queden superpuestas. Esta reconstrucción es la que se ha mantenido en los últimos años, con el resultado de que la mayor parte de los saurópodos se representan hoy en día con el cuello casi horizontal, e incluso algunos con el cuello inclinado hacia abajo y la cabeza situada casi a ras de suelo. Resulta extraño que estos dinosaurios evolucionasen un cuello tan largo para mantenerlo a ras de suelo: el largo cuello sería totalmente inútil si solo se podían alimentar de las plantas más bajas. Se ha sugerido que así los saurópodos podían barrer una extensa superficie sin mover su pesado cuerpo, pero este barrido, si el cuello era tan rígido como nos presentan, solo cubriría un arco de circunferencia, y eso si no había obstáculos entremedias. Además de que mantener el largo cuello tan cerca del suelo convertiría a los saurópodos en presa fácil para los carnívoros de la época.

Entre los animales vivientes, no se me ocurre ningún vertebrado terrestre de cuello largo que lo mantenga habitualmente en posición horizontal. Es posible, sí, que dentro de algunos millones de años, si seguimos en este planeta, las vacas hayan desarrollado algo así: Todos hemos visto cómo, cuando están confinadas en un cercado, las vacas hacen ímprobos esfuerzos por alcanzar las plantas que se encuentran al otro lado de la valla. Y no estoy defendiendo aquí la evolución lamarckiana, pero las vacas de cuello más largo que consigan alcanzar esas plantas estarán mejor alimentadas que las que no, por lo que tendrán más posibilidades de transmitir sus genes a las siguientes generaciones (o no, si engordan rápido y las sacrifican antes; nunca se sabe).

Sin embargo, no creo que en la época de los dinosaurios hubiera muchos cercados, así que el caso de la vaca no es aplicable. Un ejemplo más razonable es el casuario. Cuando corre por las intrincadas selvas de Nueva Guinea, el casuario coloca el cuello en posición horizontal y lo utiliza como un ariete para, con el pico y el casco que adorna su cabeza, apartar la vegetación a su paso. Pero no es esa su postura habitual; en reposo, el casuario mantiene el cuello erguido, como su pariente el avestruz.

Lo que resulta sorprendente es que, hasta hace muy poco, a nadie se le había ocurrido verificar la hipótesis de la posición osteológicamente neutra con animales vivos. Eso es lo que hicieron hace tres años los paleontólogos británicos Michael P. Taylor y Darren Naish, de la Universidad de Portsmouth, y el estadounidense Mathew J. Wedel, de la Western University of Health Sciences de California. Estos investigadores han revisado la literatura científica publicada al respecto, y analizando radiografías de mamíferos, aves y reptiles despiertos y en reposo, en lo que ellos llaman «posición de alerta», han comprobado que en todos ellos las vértebras del cuello se mantienen extendidas e inclinadas hacia arriba con respecto a las de la espalda, de manera que el cuello queda casi vertical, mientras que la cabeza se mantiene flexionada hacia delante, en ángulo recto con el cuello. Y esto, incluso en los vertebrados con el cuello más corto, como roedores, musarañas y conejos.

El siguiente paso, que nadie hasta ahora se había molestado en dar, ha sido reconstruir la posición osteológicamente neutra en animales modernos. Y lo que se obtiene, tanto para los mamíferos como para las aves, es un cuello muy flexionado hacia delante, totalmente diferente de la postura natural visualizada con los rayos X. Además, cuando se intenta reconstruir el cuello usando solo los huesos, es imposible colocarlo en esa posición natural; los discos intervertebrales de cartílago y otros tejidos blandos son imprescindibles para que el cuello consiga la flexibilidad necesaria.

Así pues, el método tradicional de ensamblar las vértebras unas con otras no sirve para reconstruir la posición del cuello de un animal extinguido; los datos obtenidos de los vertebrados vivientes sugieren que la posición natural del cuello de todos los vertebrados terrestres, vivos y extinguidos, es más vertical que horizontal. Esto no significa que todos los saurópodos mantuvieran el cuello erguido a noventa grados; seguramente el ángulo variaba de una especie a otra; además, hay que tener presente que la posición de la que se habla aquí es la de «alerta», y que la flexibilidad del cuello permite en general a los animales un amplio rango de movimientos.

¿Y qué tiene que ver todo esto con el pilates? Nada, salvo que la posición osteológicamente neutra me ha recordado a la posición «neutra» del pilates, en la que, entre otras muchas cosas, hay que bajar el mentón y estirar la parte posterior del cuello. Afortunadamente, no es lo mismo: el cuello humano en posición osteológicamente neutra estaría inclinado unos 45° hacia delante. ¡A ver quién es el guapo que aguanta es esa postura!

¿Cómo llegaron a ser tan enormes los dinosaurios?

Los saurópodos, los dinosaurios cuadrúpedos de cuello largo como el brontosaurio, el diplodocus y el argentinosaurio, fueron los animales terrestres más grandes que han existido. Ningún mamífero ha alcanzado, ni de lejos, las enormes tallas de aquellos gigantes. ¿Por qué? La respuesta está en la alimentación.

Un elefante de nueve o diez toneladas necesita invertir dieciocho horas al día para alimentarse. Aún así, en otros tiempos han existido elefantes más grandes, como el mamut del río Songhua, de nueve metros de longitud, 5,3 de altura y diecisiete toneladas de peso, que vivió en el norte de China hace 280 000 años; e incluso este se ve superado en altura por el mayor mamífero terrestre conocido, el paraceraterio, también llamado indricoterio o baluchiterio, un pariente cuellilargo y sin cuernos de los rinocerontes que vivió en Asia hace entre veintinueve y veintitrés millones de años, que alcanzaba los seis metros de altura en la cruz y pesaba unas dieciséis toneladas. Pero ése debe de ser el tamaño máximo que puede tener un mamífero terrestre. Por ahora, no conocemos ninguno más grande. ¿Cómo pudieron crecer tanto los saurópodos? El argentinosaurio llegaba a pesar setenta u ochenta toneladas, y hay indicios de especies mayores, que quizá podrían rozar las ciento cincuenta toneladas.

Comparación entre el tamaño de un elefante y el de un saurópodo
(Mariana Ruiz Villarreal, 2006 / Pearson Scott Foresman).

Hay una diferencia fundamental entre el modo de alimentarse de los saurópodos y el de los mamíferos: Los mamíferos mastican, cosa que los saurópodos no hacen; los saurópodos se tragaban la comida sin masticar. La masticación, al dividir la comida en trozos más pequeños, ayuda a acelerar la digestión, pero por otra parte requiere tiempo, y una cabeza grande para alojar las anchas muelas y los músculos necesarios. Por eso los elefantes tienen la cabeza tan enorme. Los dinosaurios, sin embargo, carecían de dientes masticadores. La cabeza de los saurópodos era pequeña y ligera, con dientes que solo servían para arrancar la vegetación de la que se alimentaban. Gracias a esto, pudieron desarrollar el largo y flexible cuello con el que podían pacer en un área muy amplia sin necesidad de mover su pesado cuerpo. A un mamífero, con sus muelas y músculos masticadores, le sería imposible sostener la cabeza sobre un cuello tan largo. Bueno, está la jirafa, pero su cuello es muy rígido y no mide más de tres metros.

Una parte importante de la dieta de los saurópodos eran los equisetos, unas plantas muy nutritivas, pero también muy abrasivas. Contienen una elevada proporción de silicatos, que desgastan los dientes con rapidez. Como sus dientes eran pequeños, los saurópodos podían permitirse reemplazarlos con frecuencia; algunos incluso los renovaban todos los meses. Un mamífero, con sus grandes dientes especializados, no podría sobrevivir con una dieta tan abrasiva.

Como no masticaban, la digestión de los saurópodos era muy lenta; probablemente duraba varios días. Pero gracias a su enorme aparato digestivo y a su sofisticado sistema respiratorio, con sacos aéreos que se extendían por el interior de las vértebras y de otros huesos, y válvulas que optimizaban el intercambio de oxígeno y dióxido de carbono, su metabolismo era muy eficaz. Un metabolismo que han heredado las aves, y que les ha permitido conquistar los cielos.

En resumen, sus dientes primitivos permitieron a los saurópodos desarrollar un cuello largo y aprovechar los nutritivos pero abrasivos equisetos. Gracias al cuello largo, podían alimentarse sin gastar energía en desplazarse; y su sofisticado aparato respiratorio les otorgaba un metabolismo muy eficaz. La combinación de todos estos factores hizo posible la existencia de aquellos titanes.

MATEMÁTICAS

Lost in Translation

Como muy bien decía mi amigo Alfonso en el benevolente retrato que me hizo en su blog[9], «*Germán se indigna ante una mala utilización de un imperativo o un pretérito imperfecto, sobre todo si está publicado, lo cual no es moco de pavo.*» Pues así es, en efecto; ahora mismo estoy indignado con la traducción española del libro *Gödel, Escher, Bach; un Eterno y Grácil Bucle*, del científico y filósofo estadounidense Douglas R. Hofstadter.

El libro es, en palabras del autor, «*una tentativa muy personal de decir cómo es que los seres animados pueden salir de la materia inanimada. ¿Qué es un "uno mismo", y cómo puede un "uno mismo" salir de cosas tan faltas de ser como una piedra o un charco?*». Mucho me temo que esa tentativa está impepinablemente condenada al fracaso, pero de momento —voy solo por la mitad del libro— me reservo la crítica del contenido.

El libro está estructurado en una alternancia de capítulos «sesudos» y diálogos surrealistas inspirados en los personajes de la narración de Lewis Carroll *Lo que la tortuga le dijo a Aquiles*. Comienza con un prólogo sobre la historia y la dificultad de la traducción española, redactado por el propio autor, en el que se explica que en la primera traducción, hecha en México, se habían perdido muchos retruécanos y dobles sentidos, y que para la edición revisada se había empleado una nueva traducción de los diálogos, realizada por dos profesores de universidad chilenos, que según el autor captaba mucho mejor el espíritu del original. ¡El espíritu! ¡Si es una traducción literal, palabra por palabra, del inglés! Si no es recochineo, tengo que pensar que el autor sabe bastante menos de español que de matemáticas y filosofía.

Al principio traté de convencerme de que solo se trataba de localismos chilenos: el continuo uso de la coletilla «usted sabe», la tediosa e innecesaria repetición de «él», «ella» como sujeto explícito al principio de cada frase (que hubiera provocado las

---

[9] http://alfon-lavidadesdeellago.blogspot.com/2009/02/rilke-httphttpes.html

103

iras de don Arturo, mi profesor de inglés en BUP), el reiterado uso de «quien/quienes» como traducción del «*who*» relativo (¿se imaginan que *The Man Who Shot Liberty Valance* se hubiera traducido en *El hombre quien mató a Liberty Valance*?), etc.; pero la gota que ha colmado el vaso ha sido la expresión «*lo que es lejos más impresionante*», un calco del inglés «*what is far more impressive*», que significa en realidad «lo que es **mucho** más impresionante». Si algún lector chileno me dice que en Chile se habla realmente así, voy a empezar a creer que no hablamos el mismo idioma.

Por lo demás, el libro por ahora es estupendo, y entremezcla con fluidez asuntos tan dispares como los sistemas formales, la música de Bach, las paradojas, el teorema de Gödel, la recursividad, los grabados de Escher, las propiedades emergentes... Pero es un libro difícil. Y en un libro que se mueve continuamente en el límite de la comprensión humana (sobre si se sitúa del lado de acá o del lado de allá de ese límite puede haber división de opiniones), esas deficiencias en la traducción pueden llevar al lector a sospechar que el traductor no comprendía el texto que estaba traduciendo. En ese sentido, también es lamentable que, después de treinta años y una decena de ediciones, el libro siga conteniendo erratas, algunas incluso en puntos críticos de demostraciones matemáticas. Pero a pesar de todo, es un libro altamente recomendable; con el paso del tiempo (el original data de 1979) se ha convertido en un clásico.

Una última advertencia: el libro, con casi novecientas páginas, pesa alrededor de kilo y medio. No es recomendable irse a la cama con él; yo lo hice, y al día siguiente casi tuve que recurrir a Raquel, mi fisioterapeuta de cabecera.

El Hotel Infinito de David Hilbert

En los años 20 del siglo pasado, el alemán David Hilbert, el matemático más influyente del siglo XX, construyó el que sería para siempre el hotel más grande del mundo: el Hotel Infinito. Podría uno preguntarse cómo pudo Hilbert, con su sueldo de catedrático de Matemáticas, hacer frente a la ingente inversión necesaria para construir un hotel con un número infinito de habitaciones; en todo caso, si hubo trama inmobiliaria, el delito ha prescrito; sobre todo teniendo en cuenta que David Hilbert murió en 1943.

El Hotel Infinito aún existe, pero no voy a decir dónde se encuentra: Recientemente me he puesto en contacto con sus actuales propietarios, con la esperanza de obtener algún tipo de compensación por esta publicidad que les hago, pero desgraciadamente, no hemos podido alcanzar un acuerdo.

David Hilbert

El caso es que, para alojarse en el hotel, Hilbert solo ponía una condición: Los huéspedes tenían que estar dispuestos a cambiar de habitación en cualquier momento, si así se les solicitaba.

A David Hilbert le gustaba atender personalmente a los clientes en la recepción. Y no era un trabajo fácil: Pocos meses después de la inauguración, la fama del establecimiento creció tanto que no eran raras las noches en las que todas las habitaciones estaban ocupadas. Una de esas noches, mientras Hilbert dormitaba en la recepción, se presentó un cliente.

—El hotel está lleno —le dijo Hilbert—, pero no se preocupe. Enseguida le consigo una habitación.

Hilbert conectó la megafonía, que comunicaba con todas las habitaciones del hotel, y dijo:

—*Meine Damen und Herren*, siento molestarlos a una hora tan tardía, pero las circunstancias lo requieren. Me veo obligado a solicitarles que cambien de habitación. Por favor, que cada cliente se desplace a la habitación siguiente a la suya.

Así se hizo: el huésped de la habitación 1 pasó a la 2, el de la 2 a la 3, y así sucesivamente.

—Muy bien señor —dijo entonces al recién llegado—, aquí tiene su llave: habitación 1.

Otro día, se presentó de improviso un grupo de infinitos clientes. El hotel estaba lleno, pero Hilbert no perdió la calma.

Conectó la megafonía y solicitó que todos los huéspedes se trasladaran a la habitación cuyo número fuera el doble del de la que ocupaban. Así, el de la habitación 1 pasó a la 2, el de la 2 a la 4, el de la 3 a la 6, etc. De este modo, quedaron libres todas las habitaciones de número impar, y como hay un número infinito de impares, el grupo pudo ser alojado.

Muchas otras peripecias vivió David Hilbert como recepcionista del Hotel Infinito, como el día que se presentaron a la vez infinitos grupos de infinitos viajeros. Pero no quiero alargarme hasta el infinito, creo que con lo dicho es suficiente para darse cuenta de que no se puede operar con el infinito como se opera con los números; solo diré que, por supuesto, pudo alojarlos a todos; y ni siquiera fue necesario movilizar a todos los clientes que llenaban el hotel.

Por qué no juego a la ruleta

La objeción que más a menudo se formula contra los jugadores de juegos de azar es: «¡Pero si no toca nunca!» Resulta paradójico, pero es precisamente esa característica la que hace que merezca la pena jugar.

¿A qué juego de azar hay que jugar entonces para ganar algo? La respuesta, a primera vista absurda, es que hay que jugar (regularmente) a un juego en el que las probabilidades de ganar sean pequeñas. La clave está en la palabra «regularmente». Partiendo de la base de que en todos los juegos de azar la cantidad de dinero que se reparte en premios es menor que la que se recauda, una persona que apueste regularmente en un juego demasiado sencillo ganará muchas veces, pero terminará perdiendo dinero a largo plazo; por otro lado, una persona que apueste regularmente en un juego en el que la probabilidad de ganar sea muy pequeña, probablemente pierda dinero, pero si gana, ganará mucho más que lo que haya apostado.

Consideremos dos ejemplos extremos: la ruleta y la lotería primitiva.

La ruleta más común tiene treinta y siete casillas numeradas del 0 al 36. Por lo tanto, cada número tiene una probabilidad de $1/37$ de salir. (La casilla 0 es especial: Si la bola cae en ella, la banca se queda con todas las apuestas.) Las apuestas al número ganador se pagan treinta y seis veces su valor. ¿Se puede ganar algo a la ruleta? Supongamos un jugador que todas las semanas, durante cincuenta años, va al casino y apuesta cuatro euros al número 13. Se gasta por lo tanto doscientos ocho euros al año, y en total diez mil cuatrocientos euros. De acuerdo con el cálculo de probabilidades, ganará una vez de cada treinta y siete. Como apuesta cincuenta y dos veces al año, y dos mil seiscientas veces en total, ganará un total de 70,27 veces. El total de los premios recibidos ascenderá a 70,27 × 4 × 36 = 10 118,88 euros. Ha perdido 281,12 euros.

La lotería primitiva, por su parte, consiste en acertar los seis números que se extraen de un bombo que contiene cuarenta y nueve bolas numeradas del 1 al 49. En España, la Lotería Primitiva se sortea los jueves y sábados, a un euro por apuesta y sorteo. Un jugador que haga dos apuestas en cada sorteo durante cincuenta años se gastará lo mismo que el jugador de ruleta anterior: cuatro euros por semana, y en total diez mil cuatrocientos euros. Las probabilidades de acertar los seis números de un sorteo son muy pequeñas; exactamente:

$$P_1 = (6! × (49 - 6)!) / 49!$$
$$= (6 × 5 × 4 × 3 × 2) / (49 × 48 × 47 × 46 × 45 × 44)$$
$$= 0,000\ 000\ 071\ 5$$

A lo largo de los cincuenta años, la probabilidad de acertar al menos una vez, teniendo en cuenta que se hacen cuatro apuestas a la semana, o sea, diez mil cuatrocientas apuestas en total, es:

$$P_2 = 1 - (1 - P_1) × 10\ 400 = 0,000\ 74$$

El jugador solo tiene una probabilidad entre 1345 de ganar alguna vez en su vida. Sin embargo, el que la probabilidad sea grande o pequeña no tiene ninguna relevancia: la vida del jugador es limitada y solo puede transcurrir por dos caminos: que le toque alguna vez o que no. Si no gana, ha perdido 10 400 €[10].

---

[10] En realidad, las pérdidas son menores: Existe el reintegro, que devuelve el importe de la apuesta una vez de cada diez, con lo que el gasto se reduce en un 10 %, a 9360 euros. Además hay premios para los aciertos parciales (de tres, cuatro o cinco números) y se sortea un séptimo número, el complementario, que define un premio especial a las

Pero si le toca, el premio será mucho mayor que la inversión. (Los premios medios de la lotería primitiva superan el millón de euros.) La lotería primitiva se puede considerar una inversión de alto riesgo. (De aquí se desprende que no merece la pena participar en peñas de apuestas: Al aumentar las probabilidades de acierto, la cuantía del gasto se aproxima a la del posible premio. En una peña de 6725 miembros que juegue 13 450 apuestas en cada sorteo (con el mismo gasto individual) se obtendrán unos diez premios a lo largo de los cincuenta años, pero habrá que repartir las ganancias entre los 6725 miembros, o sea, 10 / 6725 premios por persona, o sea, cerca de mil quinientos euros.)

Esto no es más que una aplicación práctica de la llamada *Ley de los Grandes Números* que, hablando mal y pronto, viene a decir que cuando el número de repeticiones de un suceso aleatorio es suficientemente grande, las probabilidades se convierten en estadísticas. En este caso, el número de repeticiones a lo largo de los cincuenta años es suficientemente grande para la ruleta, pero no para la primitiva. Por eso podemos calcular exactamente las pérdidas en el primer caso, mientras que en el segundo debemos conformarnos aún con el cálculo de probabilidades.

Probabilidades acumuladas

Acabo de terminar de leer la novela de un excolega... Como esto no es un *blog* de literatura, no voy a hablar aquí de las dos tramas paralelas que nunca llegan a juntarse (¡son realmente paralelas!), y que solo están enlazadas (muy débilmente) por el triángulo amoroso que se establece entre sus protagonistas gracias a una sucesión inverosímil de encuentros fortuitos; no voy a hablar de las comparaciones rebuscadas y chirriantes ni de los

---

apuestas que contienen dicho número complementario y cinco de los otros seis. Los premios para cuatro, cinco y cinco más el complementario son variables, pero podemos calcular la reducción de gasto que suponen los premios para tres números, que son fijos. La probabilidad de acertar tres números en un sorteo es de 0,017 65.   En la Primitiva, el premio es de ocho euros, y el jugador, en cinco mil doscientas apuestas, ganará unas noventa y dos veces, con lo que obtendrá un ahorro de $92 \times 8 = 736$ euros. El gasto total se reduce a 8 624 euros.

personajes estereotipados típicos de *best-seller* (y no en el sentido de superventas), entre los que no faltan ni el héroe hecho a sí mismo, ni la mujer con tendencias bisexuales, ni el matón invulnerable de buen corazón; no voy a hablar de la confusa mezcla de puntos de vista del narrador ni de los «diálogos de pizarra», ésos que solo sirven para informar al lector de cosas que los personajes ya deberían saber (¿qué tenían de malo los segundos capítulos de Julio Verne?); no voy a hablar de los personajes que «proporcionan golpes» en lugar de propinarlos, ni de que el autor confunde «ribera» con «rivera» y emplea mal «inminente»... Y paso por alto el retrato que hace el autor de los físicos de partículas como desequilibrados mentales, que no se salva ni uno...

De lo que quiero hablar es del siguiente diálogo de la novela:

– *El CERN ha aprobado el programa de alta intensidad* – dice *H*... – . *Eso implica cien mil burbujas extrañas al año.*

– *¡Pero la probabilidad de fusión por efecto túnel que obtengo es de una entre cien mil!* – exclama *I*... – . *Si multiplicas ambos números, obtienes una probabilidad de uno. O lo que es lo mismo, la certeza de que en un año de operación se producirá una reacción en cadena.*

El autor, un físico español de brillante trayectoria internacional, comete un error conceptual imperdonable: Si la probabilidad de que ocurra un suceso al realizar un experimento es P, la probabilidad de que ese mismo suceso ocurra en N repeticiones del experimento no es el producto $P \times N$, sino $1 - (1 - P)^N$ (o sea, el complemento de la probabilidad de que el suceso no ocurra en ninguna de las N repeticiones). Según mi calculadora, el resultado es una probabilidad de 0,6321... Para un acontecimiento que destruiría el planeta, sigue siendo una probabilidad inaceptablemente alta, pero claro, el efecto dramático no es el mismo; nada de «certeza».

Para verlo con más claridad, podemos hacer el cálculo con un número un poco más pequeño que cien mil, como por ejemplo dos. Si lanzamos una moneda, la probabilidad de que salga cara es 1/2. ¿La probabilidad de que salga alguna cara lanzando dos veces la moneda es 1? Desde luego que no; es posible que salgan dos cruces seguidas. La probabilidad real es, como en el caso anterior, $1 - (1 - P)^N = 1 - (1 - 1/2)^2$, o sea, 3/4. Lógico: de las cuatro posibilidades (cara-cara, cara-cruz, cruz-cara y cruz-cruz), en tres hay al menos una cara.

Cumpleaños compartidos

Desde que tengo uso de razón, mi cumpleaños casi nunca ha sido solo mío. En el colegio, en mi misma clase, había otro chico que cumplía los años el mismo día que yo. Después, en la universidad, puede disfrutar unos cuantos cumpleaños para mí solo, pero me duro poco: Uno de mis hermanos mayores no tardó en echarse novia, y dio la casualidad de que la que después se convertiría legalmente en mi cuñada también cumplía años el mismo día. ¿Tengo mala suerte? (O buena, según se mire, que en estos tiempos de crisis no viene mal compartir los gastos de una celebración familiar.) A primera vista, podría decirse que sí. Pero, ¿qué dicen las matemáticas?

Para calcular la probabilidad de que en un grupo de N personas haya (al menos) dos con la misma fecha de cumpleaños, es más fácil calcular primero la probabilidad complementaria, la de que ninguna de las N personas comparta esa fecha. Esta probabilidad es:

$$366 / 366 \times 365 / 366 \times 364 / 366 \times \ldots \times (366 - N + 1) / 366$$

o, de forma más compacta:

$$366! / (366^N \times (366 - N)!)$$

(Tomo 366 como número de fechas diferentes porque hay quien tiene la excentricidad de nacer un 29 de febrero.) Expresado en palabras, la primera persona del grupo puede tener cualquier fecha de cumpleaños; la segunda, cualquiera menos la de la primera; la tercera, cualquiera menos las de la primera y la segunda; y así sucesivamente. En el colegio, en clase éramos unos cuarenta (eran otros tiempos), así que la probabilidad de que nadie compartiera cumpleaños era de $366! / (366^{40} \times 326!)$ = 0,109, o sea que la probabilidad de que hubiera cumpleaños repetidos era $1 - 0,109 = 0,891$; casi el 90 %. Lo raro, entonces, hubiera sido que no se repitieran. ¿Y en mi familia? Pues más o menos lo mismo; entre padres, suegros, hermanos, cuñados, hijos, sobrinos, primos... seguro que somos más de cuarenta.

Ya en un grupo de veintitrés personas la probabilidad de que dos de ellas compartan fecha de cumpleaños es mayor que el 50 %. Parece raro, pero hay que tener en cuenta que de lo que se trata es de comparar las fechas de cumpleaños por parejas, y en un grupo de veintitrés personas se pueden formar 22+21+20+...+1 parejas diferentes. O sea, 253. Visto así, ya no resulta tan raro que entre 253 parejas haya al menos una en la que las fechas de cumpleaños coincidan.

Por supuesto, todos estos cálculos presuponen que los nacimientos se distribuyen con la misma probabilidad a lo largo de todo el año, lo que no es cierto. Dejando de lado el hecho obvio de que solo hay un 29 de febrero cada cuatro años, los nacimientos, al menos aquí en España, tienen una misteriosa tendencia a acumularse en los meses de abril, mayo, septiembre y, en menor medida, diciembre y enero; o sea, nueve meses después de las vacaciones de verano, Navidad y Semana Santa. Pensándolo bien, quizá esa tendencia no sea tan misteriosa... Además, hoy en día se producen más nacimientos los días laborables que los festivos, aunque no seré yo quien acuse al personal sanitario de programar los partos a su conveniencia. De todos modos, todas estas fluctuaciones lo único que pueden hacer es aumentar la probabilidad de que dos personas compartan fecha de cumpleaños, así que, en definitiva, no es que haya tenido mala suerte; más bien era inevitable.

¿O quizá no? Porque lo que hemos calculado hasta ahora es la probabilidad de que, dentro de un grupo, <u>dos personas cualesquiera</u> compartan la fecha de cumpleaños. Pero ¿por qué me toca siempre a mí? Eso es otra cosa. Tengo que salir del grupo y calcular la probabilidad de que, en un grupo de N−1 personas, alguno tenga la misma fecha de cumpleaños que yo. Esta nueva probabilidad es $1 - (365 / 366)^{N-1}$. Para N = 40, como antes, la probabilidad es de 0,101, poco más del 10 %. Hasta N = 254 no se alcanza una probabilidad superior al 50 %. Así que, en realidad, sí, he tenido mala suerte.

Tecnología

Ordenadores sin teclado

Desde hace bastantes años se viene prediciendo el fin de los teclados. Los ordenadores y otros aparatos, como televisores, coches, frigoríficos, etc., se manejarán con la voz, nos aseguran. Sin embargo, el futuro es terco, y parece que los teclados y los mandos a distancia no tienen ninguna prisa por marcharse.

A primera vista, la idea parece excelente: ¿Por qué aprender a mecanografiar, si (casi) todos podemos hablar? ¡Que sean las máquinas las que aprendan a entendernos a nosotros! Pero, pensándolo mejor, puede que no sea tan buena idea en general. Examinemos algunas situaciones:

Hablar con el ordenador está bien para dictar un texto, pero si estoy programando, creo que tardaría menos con el teclado. Por poner un ejemplo, ¿cómo se pronuncia una expresión regular como # ##[^\n]+\n\s*? (Y ésa es de las sencillitas.)

A mí, y supongo que a muchos otros, me gusta escuchar música mientras trabajo en el ordenador. Usar la voz para comunicarse con él en esta situación sería una molestia, y si se está escuchando la música con auriculares, un griterío insoportable.

Muchos internautas navegan de noche, cuando quizá el resto de la familia duerme.

¿Y el televisor? ¿Podríamos ver una película en la que un personaje apaga el televisor con la voz? ¡Y cuidado con lo que se dice mientras se está grabando un programa! Cuando no se oye bien, ¿no es mejor poder subir el volumen silenciosamente, sin darle una voz al aparato que nos impida escuchar los diálogos? Y si ya es difícil ver un programa completo ahora que solo una persona a la vez puede manejar el mando a distancia, imaginemos lo que sería que toda la familia pudiera dar órdenes continuamente al televisor.

Pero lo peor ocurriría en el trabajo. En las oficinas de hoy en día, diáfanas, el barullo de decenas de empleados hablando con sus ordenadores sería ensordecedor. El estrés laboral se dispararía. Las afecciones otorrinolaringológicas se multiplicarían. La afonía sería causa de baja laboral. ¿Serían capaces los ordenadores de discriminar las órdenes que se dirigen a cada uno de ellos? Hacer que cada uno escuche solo a su usuario no es la solución: Mi vecina de mesa me pide ayuda de vez en cuando con algún programa. Si yo no puedo hablar con su ordenador, ¿tengo que dictarle a ella las correcciones para que ella se las repita? Iba a parecer una película del Séptimo de Caballería. Ni siquiera los privilegiados con despacho propio estarían a salvo. Me imagino la escena: Un jefazo está realizando una operación delicada con su ordenador, digamos una compra de acciones. En un momento dado, el ordenador espera la confirmación definitiva de una orden. Suena el teléfono. «Sí, dígame... ¡Nooooo!» La empresa acaba de perder diez millones de euros por una operación equivocada por culpa de ese «Sí». En una comedia quedaría bien, pero no es serio.

Por último, imaginemos que yo hubiera escrito esto a ratos perdidos en el trabajo. Es solo una hipótesis inverificable pero ¿podría haberlo hecho si hubiera tenido que dictárselo en voz alta al ordenador?

¿Un mini agujero negro de laboratorio? Ni de lejos

El 4 de junio de 2010, el diario ABC publicó en su sección de Ciencia una noticia con el siguiente titular: *Científicos chinos crean un agujero negro artificial*[11]. En la noticia se recuerdan los temores apocalípticos al acelerador LHC y se afirma tendenciosamente que los científicos han «provocado la aparición del agujero», cuando lo único que han hecho es fabricar un «absorbente electromagnético omnidireccional de microondas». O sea, un cuerpo negro, que no es lo mismo que un agujero negro.

Un agujero negro es una región del espacio-tiempo con un campo gravitatorio tan enorme que ninguna partícula material puede escapar de ella. No es esto lo que han fabricado los científicos chinos de la Universidad de Nanjing. Lo que han construido, como especifican claramente en la publicación original en la revista *New Journal of Physics* (*An omnidirectional electromagnetic absorber made of metamaterials*[12]), es un cuerpo negro, un objeto

---

[11] http://www.abc.es/20100604/ciencia-tecnologia-espacio/cientificos-chinos-crean-agujero-201006041900.html

[12] http://iopscience.iop.org/1367-2630/12/6/063006

que absorbe todas las ondas electromagnéticas que inciden sobre él; no tiene ninguna de las características gravitatorias que definen un agujero negro. El dispositivo solo funciona por ahora en el rango de las microondas, pero es un avance tremendo, puesto que el cuerpo negro, hasta ahora, era solo un objeto teórico, ideal.

La única alusión a los agujeros negros en la publicación original es la frase *"and the wave trapping and absorbing properties simulate, to some extent, an 'electromagnetic black hole.'"* («*y las propiedades de absorción y captura de ondas simulan, hasta cierto punto, un 'agujero negro electromagnético'*»). Hay un gran trecho entre decir que ciertas propiedades simulan, hasta cierto punto, algo (y además, entrecomillado y calificado con el adjetivo «electromagnético»), y decir que se ha creado ese algo. Pero, como se suele decir, «no dejes que la realidad te estropee un buen titular». Aunque el sensacionalismo termine por ocultar la verdadera importancia de la noticia.

Mucho mejor lo explicó El País el 8 de junio, aunque tampoco se resistió a incluir el agujero negro (electromagnético y entrecomillado, eso sí) en el titular: *Un 'agujero negro' electromagnético*[13].

---

[13] http://www.elpais.com/articulo/sociedad/agujero/negro/electrom agnetico/elpepusoc/20100608elpepusoc_11/Tes

GEOLOGÍA

Cuasicristales naturales

Desde hace siglos se sabe que los sólidos pueden ser cristalinos o amorfos. En un sólido cristalino o cristal, los átomos o moléculas están organizados de forma simétrica en celdas que se repiten periódicamente en el espacio, mientras que en un sólido amorfo no existe esa simetría.

Las simetrías de un cristal son de dos tipos: de traslación y de rotación. La simetría de traslación significa que la estructura del cristal es periódica, o sea que es la misma alrededor de todas sus celdas elementales. La simetría de rotación implica que la estructura del cristal se mantiene invariante si se le aplica una rotación de un cierto ángulo. En nuestro mundo tridimensional, esos ángulos de rotación están limitados a unos pocos valores, en concreto, 180°, 120°, 90° y 60°, o dicho de otro modo, las simetrías de rotación de los cristales solo pueden ser de orden 2, 3, 4 o 6. (Una simetría de rotación de orden 6, por ejemplo, significa que si la rotación se aplica seis veces, se vuelve a la posición inicial; esta es la rotación de 60°.) Esta limitación viene impuesta por la forma que deben tener las celdas elementales para, como en un rompecabezas, encajar unas con otras y llenar todo el espacio.

Por la forma de esas celdas, todos los sólidos cristalinos se clasifican en solo siete sistemas:

* Cúbico (formado por cubos)
* Tetragonal (formado por prismas rectos cuadrangulares)
* Hexagonal (formado por prismas rectos de base hexagonal)
* Ortorrómbico (formado por prismas rectos de base rómbica)
* Monoclínico (formado por prismas oblicuos de base rómbica)
* Romboédrico (formado por paralelepípedos cuyas caras son rombos)
* Triclínico (formado por paralelepípedos cualesquiera)

Sin embargo, en 1982, un grupo de investigadores de Israel, Francia y EE.UU. descubrió una aleación artificial de aluminio y magnesio cuya estructura presentaba una simetría de rotación de orden 5. El material no era amorfo, puesto que presentaba una estructura simétrica, ni cristalino, puesto que la simetría de rotación de orden 5 es incompatible con la simetría de traslación. Para describir este nuevo material, se acuñó el término «cuasicristal». Un cuasicristal se define como un sólido que presenta una estructura ordenada pero no periódica. La estructura de los cuasicristales, aunque aún no se entiende bien, se ha relacionado con las teselaciones aperiódicas, conjuntos finitos de figuras geométricas con las que es posible cubrir el plano de una manera no periódica. Aunque formalmente las teselaciones aperiódicas se empezaron a estudiar en el siglo XX, algunas de sus propiedades se han encontrado en motivos decorativos islámicos medievales.

Una teselación aperiódica de Penrose (Chaim Goodman-Strauss)

Hasta 2009, todos los cuasicristales conocidos se habían fabricado artificialmente, y se pensaba que una estructura tan compleja no podía existir en la naturaleza. Pero ese año, un grupo de científicos de Italia y EE.UU. descubrió en las montañas Koryak, en el extremo oriente de Rusia, un mineral, compuesto por aluminio, hierro y cobre, cuya estructura es cuasicristalina.

Los cuasicristales no tienen solamente un interés teórico; ya se utilizan en la fabricación de rodamientos y de superficies antiadherentes para sartenes, por ejemplo. Son buenos aislantes térmicos y eléctricos, y muy resistentes al frotamiento.

El primer reactor nuclear de la historia

En 1942, en una cancha de squash situada bajo las gradas del ala oeste del campo de fútbol americano de la Universidad de Chicago, por aquel entonces abandonado, el físico Enrico Fermi dirigió la construcción del primer reactor nuclear fabricado por el hombre. Este reactor experimental formaba parte de las investigaciones secretas del Proyecto Manhattan, y el 2 de diciembre consiguió una reacción nuclear en cadena automantenida. Pero no fue esa la primera reacción nuclear automantenida de la historia de la Tierra. La naturaleza se había adelantado al ser humano en unos mil ochocientos millones de años.

En esa época remota, cuando solo vivían en la Tierra organismos unicelulares, una veta de uranio situada en la región de Oklo, en el este de Gabón, se inundó; el agua, al frenar los neutrones rápidos generados en la desintegración espontánea de los átomos de uranio, permitió que aquéllos chocaran más eficazmente con otros átomos, y provocó una fisión nuclear en cadena. Con el calor de la reacción nuclear, el agua se evaporaba, lo que frenaba la reacción. Al bajar la temperatura, afluía más agua, y la reacción se intensificaba de nuevo. Ese proceso de calentamiento y enfriamiento era cíclico, con un periodo de actividad de unos treinta minutos, seguido de unas dos horas y media de inactividad; esta regulación espontánea fue tan eficaz que, a lo largo de los cientos de miles de años que los reactores de Oklo estuvieron activos, jamás se produjo una explosión nuclear.

El descubrimiento de los reactores naturales de Oklo fue una historia detectivesca que comenzó con una sospecha de terrorismo nuclear. Las minas de uranio de Oklo se descubrieron en 1956, cuando Gabón era una colonia francesa. Durante cuarenta años, Francia explotó el uranio de Oklo para la generación de energía eléctrica, hasta que las minas se agotaron. Pero antes de que eso ocurriera, en 1972, en una planta de procesado de uranio en Francia se descubrió que en unas muestras de mineral extraídas de esas minas la proporción de los distintos isótopos de uranio no era la que debería ser. Porque esa proporción es la misma en todos los minerales de uranio extraídos en la Tierra, ya que solo depende de los diferentes periodos de desintegración de los isótopos.

En la naturaleza, el uranio está constituido mayoritariamente por el isótopo uranio-238, con un 0,72 % de uranio-235, el único isótopo natural relativamente abundante que es fisionable. Sin embargo, en el uranio procedente de Oklo, el uranio-235 solo representaba el 0,717 % del total. Esto significaba que faltaban en las muestras unos doscientos kilos de uranio-235, suficiente para fabricar media docena de bombas atómicas.

Una vez descartado el robo de uranio fisionable, la única explicación coherente era que el uranio-235 se había consumido en reacciones nucleares en el propio yacimiento. Pero para producir estas reacciones es necesario enriquecer el uranio, o sea, aumentar la proporción de uranio-235 hasta al menos el 3 %; hoy en día es imposible producir reacciones nucleares con el uranio tal cual se obtiene en la naturaleza. Sin embargo, debido a la diferente vida media de estos isótopos (el uranio-235 se desintegra más deprisa que el uranio-238), la proporción natural de uranio-235 en la Tierra ha ido disminuyendo a lo largo de la historia; y hace mil ochocientos millones de años era justamente del 3 %, suficiente para que las reacciones nucleares se produjeran espontáneamente.

Podría uno preguntarse por qué las reacciones nucleares comenzaron precisamente hace mil ochocientos millones de años y no antes, cuando la proporción de uranio-235 en el mineral era aún mayor. La culpa la tiene la fotosíntesis: El uranio solo se disuelve en el agua en presencia de oxígeno. La atmósfera primitiva de la Tierra no contenía oxígeno; fue precisamente en esa época, hace mil ochocientos millones de años, cuando el oxígeno comenzó a ser abundante en la atmósfera. Así, el uranio disuelto podía ser transportado y acumulado en vetas con la riqueza necesaria para iniciar y mantener las reacciones nucleares.

Desde 1972, se han descubierto dieciséis de estos reactores nucleares naturales en las minas de uranio de Oklo, Okelobondo y Bangombe, todas en la misma región de Gabón. De su estudio físico-químico se ha podido deducir con todo detalle su historia y funcionamiento. En total consumieron unas seis toneladas de uranio-235; alcanzaban temperaturas de varios centenares de grados, con una potencia de unos cien kilovatios. Después de cientos de miles de años de actividad, cuando la proporción de uranio-235 no fue suficiente para mantener las reacciones, se extinguieron para siempre.

La inundación del Mediterráneo

Hace seis millones y medio de años, el estrecho de Gibraltar no existía. El océano Atlántico y el mar Mediterráneo estaban comunicados por dos brazos de mar: el estrecho Sur-Rifeño, en la cuenca del Bu Regreg, en Marruecos, y el estrecho Norbético, donde hoy se encuentra el valle del Guadalquivir, en el sur de España, separados por un microcontinente llamado continente Mesomediterráneo. Debido a una elevación tectónica de la región unida a un descenso global de entre diez y veinte metros del nivel del mar, hace 5 960 000 años solo quedaba abierto el estrecho Norbético. Y este también acabó por cerrarse, y hace 5 590 000 años el Mediterráneo quedó completamente aislado del océano Atlántico y se convirtió en un lago. Es lo que se conoce con el nombre de crisis salina del Mesiniense.

Cortado el suministro de agua desde el Atlántico, el aporte de agua de los ríos no podía compensar la evaporación, y se produjo la desecación casi completa del Mediterráneo en menos de mil años. Enormes cantidades de rocas salinas, conocidas con el nombre de evaporitas, se depositaron en el fondo, y, al faltar el peso del agua, la corteza terrestre se levantó isostáticamente entre decenas y centenares de metros. Esas rocas salinas, que formaron capas de varios kilómetros de espesor, se pueden ver en varios lugares del sur de España, nordeste de Libia e Italia, como en la ciudad de Mesina, en Sicilia, que precisamente da nombre al periodo Mesiniense. Los grandes ríos, como el Ródano y el Nilo, excavaron en el antiguo fondo marino cañones de más de un kilómetro de profundidad, comparables con el cañón del Colorado, que han sido después colmatados por sedimentos.

Las condiciones climáticas en aquella cuenca mediterránea seca son desconocidas; una región situada a cuatro kilómetros bajo el nivel del mar no tiene parangón hoy en día. Teóricamente, la temperatura a cuatro kilómetros bajo el nivel del mar debe de ser unos 40 °C superior a la temperatura al nivel del mar, o sea, unos 80 °C en verano. Y la presión atmosférica alcanzaría 1,7 atmósferas. También las regiones sobre el nivel del mar en la cuenca mediterránea debían sufrir un clima mucho más seco que hoy en día, al carecer de la humedad que hoy aporta el mar.

La cantidad de sal en los depósitos mesinienses es de más de cuatro mil billones de toneladas, cincuenta veces la cantidad total de sal contenida en las aguas del Mediterráneo. Esto significa que el proceso de llenado y desecación se repitió varias veces, o bien que durante un periodo prolongado un Mediterráneo hipersalino siguió siendo alimentado por agua procedente del Atlántico.

Esta situación duró hasta hace 5 330 000 años, cuando las aguas del Atlántico volvieron a inundar la cuenca del Mediterráneo, en lo que se llama la inundación zancliense.

Un equipo de científicos del Consejo Superior de Investigaciones Científicas español, estudiando los datos sísmicos y de perforaciones submarinas de la región, reconstruyó en 2009 las etapas de esa inundación: En un primer momento, una elevación del nivel del mar, un descenso tectónico de la zona del estrecho de Gibraltar o la erosión provocaron la apertura de un pequeño canal de desagüe que llevó agua desde el Atlántico hasta la cuenca mediterránea. Inicialmente se formó una catarata de más de un kilómetro de altura, más alta que cualquiera de las existentes hoy. El agua, poco a poco, excavó un canal de doscientos kilómetros de longitud cuya profundidad fue aumentando progresivamente, quizá durante miles de años. Pero en una segunda fase, cuando el canal de desagüe alcanzó una profundidad crítica, se produjo una inundación catastrófica, con un caudal de cien millones de metros cúbicos por segundo (quinientas veces el caudal del Amazonas), que provocó una erosión en el canal de desagüe de más de cuarenta centímetros diarios y un aumento del nivel del Mediterráneo de unos diez metros al día; en esta fase, que duró entre varios meses y dos años, se transfirió el 90 % del total del agua del Mediterráneo a través de un gigantesco rápido entre el golfo de Cádiz y el mar de Alborán, un canal de quinientos metros de profundidad, ocho kilómetros de anchura y mil quinientos metros de desnivel por donde el agua circulaba a cientos de kilómetros por hora. Así se formó el estrecho de Gibraltar. El llenado del Mediterráneo hizo bajar el nivel global del mar unos quince metros.

No está claro si durante el periodo en el que estuvo aislado el Mediterráneo llegó a secarse por completo; es posible que quedaran al menos tres o cuatro lagos hipersalinos en las zonas más profundas. En caso contrario, esos lagos hipersalinos debieron formarse en las primeras etapas de la inundación porque, aunque parezca mentira, siguen existiendo en la actualidad. Solo que se encuentran bajo el agua. En el fondo del mar Mediterráneo existen seis cuencas anóxicas hipersalinas, lagos submarinos pobres en oxígeno y con una concentración tan alta de sal que sus aguas no se mezclan con las aguas ricas que los cubren[14].

---

[14] Véase Los primeros animales que no respiran oxígeno, página 77.

Como el continente africano se está moviendo hacia Europa (de hecho, es el choque entre esas dos placas tectónicas lo que provocó la elevación de los Alpes y de los Pirineos), es probable que en un futuro lejano el Mediterráneo vuelva a secarse. Y la cuenca acabará por cerrarse y se convertirá en una cordillera. Pero aún faltan muchos millones de años para eso.

El lago Agassiz

Hace unos trece mil años, al final de la última glaciación, la fusión parcial del casquete de hielo que cubría la mitad septentrional de Norteamérica creó un inmenso lago que llegó a ocupar la totalidad de la provincia canadiense de Saskatchewan, gran parte de Manitoba, el oeste de Ontario, el norte de Minnesota y el este de Dakota del Norte. Alcanzó una extensión máxima de 440 000 kilómetros cuadrados, mayor que el mar Caspio. Este lago, cuya existencia fue postulada por el geólogo estadounidense William Keating en 1823, lleva el nombre del naturalista suizo-estadounidense Louis Agassiz, que estableció su origen glaciar en 1879. Varios lagos actuales, entre los que se cuentan el Winnipeg, el Winnipegosis, el Manitoba y el Lago de los Bosques, son restos del lago Agassiz.

Hace 12 800 años, un desbordamiento repentino vertió una gran parte del agua del lago al Atlántico Norte y al Océano Glacial Ártico. Esta enorme aportación de agua dulce y fría detuvo la circulación de la corriente del Golfo, lo que provocó un enfriamiento repentino en Europa, el periodo llamado Dryas Reciente. En pocos meses, la temperatura media bajó entre 5 y 15 °C. Los bosques de Escandinavia desaparecieron, reemplazados por una tundra glacial dominada por la planta ártica *Dryas octopetala*, que da nombre al periodo. En el Levante mediterráneo el clima se hizo más seco, lo que provocó una disminución de recursos que quizá forzó a la cultura natufiense a inventar la agricultura.

El enfriamiento hizo crecer de nuevo los casquetes glaciares; el lago volvió a llenarse y, hace unos 8 200 años se vació de nuevo en pocos meses. La apreciable elevación del nivel del mar que provocó pudo dar origen a los diferentes mitos sobre inundaciones de las culturas prehistóricas, como el Diluvio Universal de la Biblia.

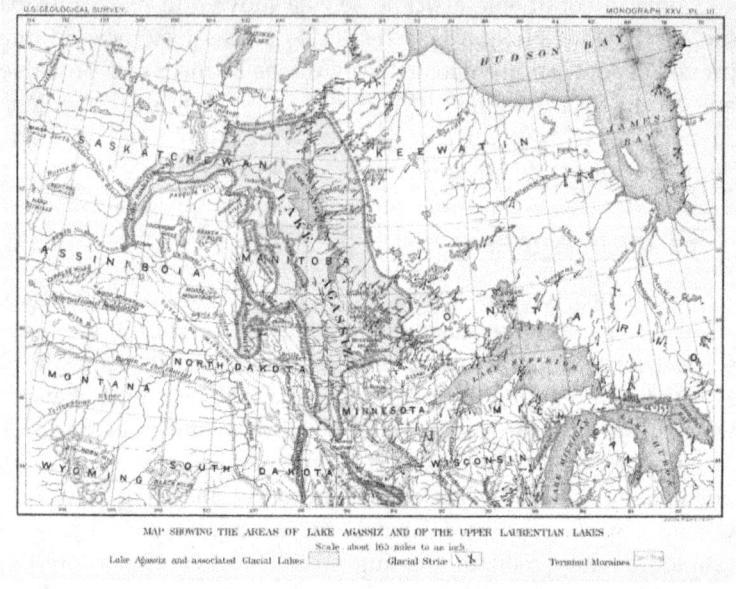

Extensión supuesta del lago Agassiz (Warren Upham, 1895).

¿Está aumentando el número de terremotos?

Haití, Chile, China, México, Indonesia... parece que en los últimos tiempos los grandes terremotos se suceden sin interrupción. ¿Qué está pasando? ¿Qué le ocurre a nuestro planeta? La respuesta más corta es: nada. O, más exactamente, nada nuevo.

De acuerdo con el Servicio Geológico de los Estados Unidos, la frecuencia de los grandes terremotos se ha mantenido constante a lo largo del último siglo, e incluso parece que ha empezado a disminuir en los últimos años. Según los registros, todos los años se producen de media unos dieciséis terremotos de magnitud 7 o superior, de los que uno supera la magnitud 8. Aunque los valores varían bastante de año a año: en 1986 y 1989 solo hubo seis, mientras que en 1943 hubo treinta y dos. ¿Por qué entonces tenemos esa percepción de que cada vez hay más terremotos destructivos?

En primer lugar, en los últimos años, la red mundial de sismógrafos ha crecido enormemente, lo que ha permitido aumentar el número de terremotos localizados. Desde 1931, el número de estaciones sismológicas repartidas por el mundo ha pasado de trescientas cincuenta a más de cuatro mil. Muchos terremotos que antes pasaban inadvertidos, sobre todo en el fondo marino, donde no producen daños ni víctimas directas pero pueden provocar tsunamis, quedan ahora registrados. Por otra parte, la población en las zonas de riesgo sísmico ha aumentado. En países como Japón, las nuevas edificaciones construidas para absorber el incremento de población están mejor protegidas contra los terremotos, pero en muchos otros países, sobre todo del Tercer Mundo, no es ese el caso. Ahora, los mismos terremotos de antaño producen muchas más víctimas. También se han incrementado los daños materiales: las zonas urbanas y las redes de infraestructuras (carreteras, vías férreas, presas, etc.) son cada vez más densas y extensas por todo el mundo. Además, las comunicaciones son hoy prácticamente instantáneas (Internet, satélites...), lo que permite hacer llegar la información muy rápidamente a un público más interesado por los desastres naturales en todo el mundo. Hace unas décadas, la noticia de la muerte de un centenar de personas en un terremoto en algún país remoto tardaba días o semanas en llegar al resto del mundo, cuando la inmediatez de la noticia se había perdido. Hoy, la información llega instantáneamente a los medios de comunicación de todo el mundo.

Por último, los seres humanos tendemos a recordar la agrupación de fenómenos como los terremotos con más facilidad que su ausencia. Según diversos modelos estadísticos, confirmados por los datos experimentales, los terremotos tienden a agruparse en el tiempo, aunque ocurran en lugares muy alejados unos de otros y no tengan ninguna relación causal entre ellos. (Solo existe relación causal entre un gran terremoto y las réplicas de menor intensidad que le siguen en la misma región.) Cuando en un corto periodo de tiempo se suceden varios terremotos, tendemos a recordarlo con más facilidad que cuando en un periodo semejante no ocurre ninguno. Estos periodos de mayor o menor actividad sísmica, sin embargo, no influyen en la probabilidad de que ocurran nuevos terremotos; forman parte de la variación estadística natural. Todavía no sabemos predecir ni cuándo ni dónde ocurrirá el próximo gran terremoto.

MEDICINA Y SALUD

Dos litros de agua al día

Todos hemos oído alguna vez la recomendación, y muchos la siguen: Hay que beber al menos dos litros de agua al día. De verdad, ¿hace falta beber tanto?

En 2008, los doctores Dan Negoianu y Stanley Goldfarb, de la División Renal, de los Electrolitos y de la Hipertensión de la Universidad de Pennsylvania, realizaron una investigación bibliográfica al respecto para la revista de la Sociedad Americana de Nefrología y no encontraron ninguna evidencia científica que apoyase la idea de que las personas sanas deban ingerir grandes cantidades de agua.

Ya en 2002, Heinz Valtin, profesor de fisiología de la Escuela de Medicina de Dartmouth y especialista en el riñón y en el equilibrio del agua en el cuerpo humano, llevó a cabo una investigación similar, y descubrió que la «regla de los dos litros» puede proceder de un malentendido: En 1945, el Consejo para la Alimentación y la nutrición de EE.UU. sugirió que una persona debe consumir un mililitro de agua por cada caloría de comida. Así que, para una ingesta media de dos mil calorías, son necesarios dos litros de agua. Pero lo que mucha gente olvida es que gran parte de esa necesidad queda cubierta con el agua contenida en los alimentos. En 2004, el mismo Consejo concluyó que «la gran mayoría de la gente sana cubre adecuadamente sus necesidades de agua dejándose guiar por la sed».

Otros estudios han echado por tierra otras ideas muy extendidas, como que la mayor parte de la gente sufre deshidratación crónica, que la sed no es un buen indicativo de las necesidades de agua, y que beber mucha agua adelgaza.

¿Cuánta agua hay que beber? Depende de muchos factores, como la temperatura, la actividad física... Si se sufre alguna enfermedad, por supuesto, hay que consultar con el médico. Si no, proponen los investigadores, basta beber con las comidas y cuando se tiene sed.

La erradicación de las enfermedades graves

De un tiempo a esta parte, las enfermedades graves están desapareciendo... de nuestro idioma. Los medios de comunicación, e incluso los propios profesionales sanitarios, han dejado de utilizar el adjetivo, y ahora solo hablan de enfermedades *severas*. Y lo mismo ocurre con los traumatismos, las heridas, las infecciones, las lesiones, etc. ¿De qué están hablando? Según el diccionario de la RAE, *severo* significa

1. *Riguroso, áspero, duro en el trato o castigo.*
2. *Exacto y rígido en la observancia de una ley, precepto o regla.*
3. *Dicho de una estación del año: Que tiene temperaturas extremas.*

Mientras que *grave* es

1. *Dicho de una cosa: Que pesa.*
2. *Grande, de mucha entidad o importancia. Negocio, enfermedad grave.*
3. *Enfermo de cuidado.*

etc.

Así que *severo* se aplica a castigos, maestros, padres, etc. (en su primera acepción), jueces (en la segunda) y estaciones del año (en la tercera). En ninguna de sus acepciones *severo* es aplicable a una enfermedad. ¿Será culpa del inglés, donde *severe* significa tanto *severo* como *grave*, según el contexto? ¿Será por eufemismo, que parece que *severo* es menos grave que *grave*? Sí, vale, la primera acepción de *severo* se podría aplicar figuradamente a una enfermedad, pero como decía el maestro Lázaro Carreter, es la repetición lo que cansa. Un uso figurado y metafórico utilizado hasta la náusea, incluso en los informes oficiales, se convierte en un insufrible lugar común.

Cualquier día de estos, mis amigos del Coro de Voces Graves de Madrid se encuentran con que les han cambiado el nombre: Coro de Voces Severas de Madrid. ¡Qué miedo! ¡Cualquiera se atreve a asistir a uno de sus conciertos!

¿Estoy siendo demasiado severo? Yo creo que no: El problema es grave.

De «jamatum» a unciforme en veinticinco segundos

En el cuarto episodio de la segunda temporada de la serie *Bones*, una parte de la intriga giraba en torno a un hueso de la muñeca al que llamaban «jamatum». Pero ese hueso no existe. Lo que sí existe es un hueso llamado en latín *os hamatum*; no sé si los científicos pedantes estadounidenses como los que retrata la serie siguen usando hoy en día los nombres latinos de los huesos, pero dudo mucho que sus homólogos españoles lo hagan y, en todo caso, sería el colmo de la pedantería que lo pronunciasen en inglés, como los dobladores de la serie.

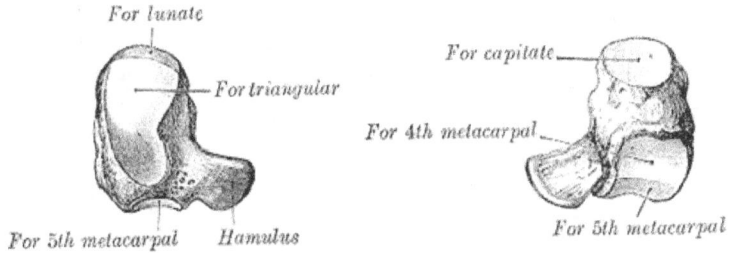

For lunate

For triangular

For capitate

For 4th metacarpal

For 5th metacarpal   Hamulus

For 5th metacarpal

Unciforme izquierdo (Gray's Anatomy 1918).

A mí me ha costado solo veinticinco segundos encontrar en Internet el nombre en español del *os hamatum*. Se puede elegir: ganchoso o unciforme. (Yo, personalmente, habría elegido unciforme). Solo veinticinco segundos. Creo que no es mucho pedir, señores traductores. Y si, pese a todo, prefieren mantener el nombre latino, por favor, indiquen a los actores de doblaje que la h latina no se aspira tanto como la inglesa, sino que es prácticamente muda.

PSICOLOGÍA

¿Las entradas o el dinero?

Ayer me dejé la compra olvidada en la carnicería. Cuando me di cuenta, regresé y pude recuperarla, pero el suceso me recordó un estudio psicológico del que oí hablar en la radio hace unos años. Resulta que se hizo un estudio sobre la compra anticipada de entradas para espectáculos. En concreto, querían saber lo que ocurre cuando alguien que va a comprar las entradas pierde el dinero por el camino o pierde las entradas de vuelta a casa. Se podría pensar que da lo mismo: que se pierda el dinero o que se pierdan las entradas, económicamente la pérdida es la misma. Pero no. Alguna diferencia tiene que haber, porque el comportamiento posterior del individuo no es el mismo en ambos casos. Según el estudio, cuando los compradores pierden el dinero antes de comprar las entradas, lo más habitual es que vayan a casa o al banco por más dinero y vuelvan a la taquilla a comprar las entradas. Pero si lo que pierden son las entradas que ya han comprado, la mayoría de los compradores renunciará a comprarlas por segunda vez y, por tanto, al espectáculo. Y eso aunque no hayan tenido que perder el tiempo haciendo cola. ¡Hay que ver qué raros somos!

ÍNDICE

PRESENTACIÓN 7

EL NEUTRINO Y EL AUTOR: VIDAS PARALELAS 7

ASTRONOMÍA Y ASTRONÁUTICA 9

2009, AÑO INTERNACIONAL DE LA ASTRONOMÍA 9
ÓRBITAS SÍNCRONAS Y ÓRBITAS ESTACIONARIAS 10
HAY MÁS DÍAS QUE LONGANIZAS 11
CERVEZA ESPACIAL Y ESPECIAL 12
EL 27 DE AGOSTO, MARTE SEGUIRÁ SIENDO UN PUNTO ROJO EN EL
CIELO 14
UN DESCUBRIMIENTO A LO GRANDE 16
EL MISTERIOSO JÁPETO 17
UN PLANETA DONDE LLUEVEN PIEDRAS 19
LA ESCALERA DE LAS DISTANCIAS CÓSMICAS 21
¡OH, SÉ UNA BUENA CHICA, BÉSAME! 24
EL GRAN TELESCOPIO CANARIAS 26
LOS SATÉLITES GALILEANOS DE JÚPITER 29

FÍSICA 33

EL MAYOR APARATO JAMÁS CONSTRUIDO 33
  ¿Qué es un acelerador de partículas? 34
¿POR QUÉ EL CIELO ES AZUL? 34
ANGELINA JOLIE Y LAS HÉLICES 36
POR QUÉ VUELAN LOS AVIONES 38
EL ARCO IRIS 40
LA CAVITACIÓN 42
PSEUDOCAVITACIÓN 45
LAS ASTAS DEL VENADO, UN ARMA TEMIBLE 48
EL PODEROSO INFLUJO DE LA LUNA 49
LIBROS EN CAÍDA LIBRE 50
LA QUINTA DIMENSIÓN… Y SIGUIENTES 52
EL CARBONO-14 54

El sincrotrón ALBA...57

Una desintegración nuclear inesperada.............................59

BIOLOGÍA...61

Un pez psicodélico...61

Las quelonias, unas mariposas de armas tomar................62

Los ojos del geco..63

El dragón de Komodo es venenoso.......................................64

Sudor de hipopótamo...66

Ni todas las mariposas son BUTTERFLIES, ni todas las MOTHS
son polillas..66

Adivina quién viene a cenar esta noche..............................68

Las mariposas más grandes del mundo...............................69

Una libélula viajera..71

El cocodrilo desubicado...74

2010, Año Internacional de la Diversidad Biológica.......76

Los primeros animales que no respiran oxígeno................77

Una «nueva» especie de rinoceronte africano...................79

El origen del sexo..80

VAMPYROTEUTHIS INFERNALIS, ni pulpo ni calamar...............82

Huelga de hormigas...85

Los elefantes de Tarzán..86

...y los elefantes de Aníbal..88

El rinoceronte más grande..90

PALEONTOLOGÍA...95

La evolución de la mano y la evolución de la
inteligencia...95

Los diplodocus no hacían pilates..97

¿Cómo llegaron a ser tan enormes los dinosaurios?.......99

MATEMÁTICAS...103

Lost in Translation...103

El Hotel Infinito de David Hilbert.....................................104

Por qué no juego a la ruleta..106

PROBABILIDADES ACUMULADAS.. 108

CUMPLEAÑOS COMPARTIDOS 110

TECNOLOGÍA.. 113

ORDENADORES SIN TECLADO.. 113

¿UN MINI AGUJERO NEGRO DE LABORATORIO? NI DE LEJOS....... 114

GEOLOGÍA 117

CUASICRISTALES NATURALES 117

EL PRIMER REACTOR NUCLEAR DE LA HISTORIA.......................... 118

LA INUNDACIÓN DEL MEDITERRÁNEO...................................... 120

EL LAGO AGASSIZ.. 123

¿ESTÁ AUMENTANDO EL NÚMERO DE TERREMOTOS?............... 124

MEDICINA Y SALUD... 127

DOS LITROS DE AGUA AL DÍA 127

LA ERRADICACIÓN DE LAS ENFERMEDADES GRAVES 128

DE «JAMATUM» A UNCIFORME EN VEINTICINCO SEGUNDOS...... 129

PSICOLOGÍA... 131

¿LAS ENTRADAS O EL DINERO? 131

EL AUTOR

Germán Fernández es madrileño, aunque nació en Granada en 1965. Cuarto hijo de una familia numerosa, de niño jugaba con su hermano menor a inventar historias y aventuras, novelas, personajes... Fascinado por el misterio de la realidad, estudió Ciencias Físicas en las universidades Complutense y Autónoma de Madrid y se marchó a Ginebra; allí, en el Laboratorio Europeo de Física de Partículas (CERN), pasó ocho años de beca en beca. De regreso en España, ya doctor en Ciencias, el misterio de la realidad desvió su trayectoria profesional hacia la informática, lo que le ha permitido volcar toda la experiencia adquirida hacia la divulgación científica y la literatura.

Como divulgador científico, colabora con el periódico mensual *Madrid Sindical* y con el portal de divulgación científica *Ciencia para escuchar* (cienciaes.com), donde publica los podcasts *Zoo de fósiles* y *El neutrino*. Este último es una extensión de su blog *El neutrino*.

Ha publicado además dos novelas, *El expediente Karnak* (2010) e *Infiltrado reticular* (2015).